南怀瑾

禅与生命的认知初讲

人民东方出版传媒
東方出版社

编者的话

南怀瑾先生是近年来享誉国内外，特别是华人读者中的文化大师、国学大家。先生出身于世代书香门第，自幼饱读诗书，遍览经史子集，为其终身学业打下了扎实的基础；而其一生从军、执教、经商、游历、考察、讲学的人生经历又是不可复制的特殊经验，使得先生对国学钻研精深，体认深刻，于中华传统文化之儒、道、佛皆有造诣，更兼通诸子百家、诗词曲赋、天文历法、医学养生等等，对西方文化亦有深刻体认，在中西文化界均为人敬重，堪称“一代宗师”。书剑飘零大半生后，先生终于寻根问源回到故土，建立学堂，亲自讲解传授，为弘扬、传承和复兴民族文化精华和人文精神不遗余力，其情可感，其心可佩。

本书是南怀瑾先生在新落成的太湖大学堂首次讲课和训练的辑录。正如刘雨虹老师在前言里所说：“这一本书，是记录一个新的开始。”这个“开始”至少有三层意义：第一，筹建大学堂是先生多年的心愿，历经六年辛苦，终于初具规模；第二，作为试验体验式教育模式，修复优秀传统文化的断层，培养中国文化及精神后继的基地，太湖大学堂的建成不仅是一次勇敢的尝试，更是一个有着重要意义的标志性事件；第三，为纪念大学堂建成，南先生第一次开堂授课，所讲内容及方式不仅重要，亦有着启新、发端的特殊意义。先生一生著述等身，此书是先生用自己的视角关于如何实证佛法的基本阐述。

生命"原在呼吸之间"，而人们苦苦探求的禅则羚羊挂角，无处找寻，二者究竟有着怎样的神秘关联？南先生从儒、释、道出发，结合现代生命科学的研究方式及成果，层层揭开了安那般那、六妙门、十六特胜、白骨观、西藏密宗、禅宗、净土、禅净双修等诸多修行法门的神秘面纱，用平实朴素的语言向普罗大众讲述了禅与生命的真相及意义。因先生一生勤于实证，故这次讲座更多的是他个人的体验和实验，是"过来人语"，弥足珍贵。在探寻禅与生命的路上，孰可为，孰不可为？如何取舍？如何少走弯路，识破虚妄的假象并避免风险？相信有心的读者在南师的启发下自会意会。此次出版，依据台北老古文化事业公司二〇〇八年七月繁体字版，承蒙南怀瑾先生独家授权同意，我们保留了原书的一贯风格，仅就个别字句进行了修改。南先生对某些观点和例证的反复说明及强调，皆出于阐明主旨和义理的需要，相信读者诸君自能领悟。

我社与南怀瑾先生结缘于太湖大学堂。出于对中华优秀传统文化的共同认识和传扬中华文明的强烈社会责任感、紧迫感，承蒙南怀瑾先生的信任和厚爱，独家授权，我社将陆续推出南怀瑾先生作品的简体字版，其中既包括世已有公论的著述，更有令人期待的新说。作为一代国学宗师，南怀瑾先生“通古今之变，成一家之言”，毕生致力于民族文化的振兴和改善社会人心。我社深感于南先生的大爱之心，谨遵学术文化“百花齐放，百家争鸣”之原则，尽力将大师思想和著述如实呈现读者。其妙法得失，还望读者自己领会。

东方出版社

二〇〇九年二月

目　录

第二日

第三日

第七日

出版说明

这一本书，是记录一个新的开始。

太湖大学堂，在历经六年的辛苦开拓建造，于二零零六年的初夏，建筑大致完成了。

七月一日至七日，南师怀瑾先生，在大学堂举行首次讲课及训练。

由于是初次启用，在活动及管理方面，就有试验性质，故而仅对内部工作人员及部分修学的老学生们开放参与。但是此次讲到的内容及方式，甚具特殊意义，且有时代里程之感，原因如下：

（一）五十年来，南师讲文化，说佛法，已有不少记录出版问世，随学众中皆耳熟能详，惟多止于耳目而已。此次在不同时空环境，一切再从头讲起，系统条理重点凸显，座中忽有如梦初醒之感，不觉冷汗湿衫，自惭光阴之虚度。

（二）综观时代之演变，科技之发展，兼东西文化相互之激荡，目下有关生命科学之研讨，正在世界各地热烈进行。反观我中华文化，以及脱掉宗教外衣的东方文化，实为此一问题之关键，岂能不予正视；更须积极阐扬，为人类文化加紧步伐。

（三）环顾世界，人类素质之可忧可叹，人类精神之空洞无依，故而急需倡导教育文化，以挽狂澜，此为大学堂放眼之高点。

为此之故，整理印行此段记录，俾有识者共同为文化而努力。

这次的讲课，是张振熔从录音记录的，再由乌慈亲女士打字，宏忍师也加入整理后的打字工作，并与谢锦扬先后多次校对书稿，在此一并致谢。

书中小标题为编者所加。

刘雨虹　记

二零零七年五月于庙港

第一日

第一堂

膝盖的保健

温度 六气 养生

此次聚会的起因

说禅凳 说打七

膝盖的保健

诸位打坐的，尤其是这个天气，不一定要把两腿包得那么多。为什么打坐要盖腿呢？因为我们常被气候影响。平常不打坐也都是这样，大家不注意。人在睡眠、打坐、静止的时候，体温就下降。因此睡眠要盖被子，打坐也是一样，怕风寒从膝盖或后脑进来，所以后面领子包好，保护两个膝盖稍微盖一点，不是围被子一样围住。

如果夏天不需要，可以不盖。大家现在有一个毛病，禅堂到处看到，夏天打坐也包得好好的，不晓得干什么，那是不合理的，所以要懂得这个道理。假定在东南亚、印度，出家在家的修行人，全身光的，在旷野里头也可以，因为他有本能的习惯，已经适应了。所以打坐盖腿一切等等，要自己知道调整，这个观念要搞清楚。

至于有些禅堂正统的规矩，包这两个腿不是这样随便一盖，要很规矩，两个膝盖头好像包成四方块一样，不然就犯了规矩，就要挨香板了。我们这里没有这个规定，只是告诉大家一个道理。

温度 六气 养生

现在人都是在冷气间里得病的，这里冷气可以很冷很冷，但是试了几天了，认为温度不能低于二十六度。冷气是给你凉快凉快，夏天要按照自然的规律，身体有一点微汗是最好，最健康了，贪着凉快会得冷气病。下午灯开多了有一点热，他们说要调一下。所以这里气温是控制的，不像一些地方，把冷气开着玩，冷得像冬天，那是死路一条，不可以的。像我坐在这里，背上在流汗，我还喜欢呢！如果不流汗，我的习惯认为生病了，那就不得了啦。

我以前同美国的教授谈，你们讲卫生是消极的，中国文化是讲养生之道，道家叫“摄生”，摄就是抓来，自己把生命控制住，就叫摄生。所以道书上叫摄生之道，这是积极的。

既然讲到中国文化，我们这里有西医，像黄医师，须眉皆白的大医师坐在这里，差不多是古稀之年，他是经常骂我的，我们老朋友说笑话惯了。

我现在不是讲西医，是讲中医第一部要读《黄帝内经》。其中第一篇就是要人了解阴阳六气，现在的人都不相信，学中医的也不肯读，认为是空洞的理论。阴阳就是正面、反面，阴阳两个字是代号，什么事都有正反两面，是相对的。甚至每天的气候，每件事情也都是相对的。整个宇宙大气层跟着太阳月亮的行度，十二个月当中有六种变化，所以说是六气。

哪六气呢？风、寒、暑、湿、燥、火。现在假设不开冷气坐在这里，或到外面晒一下太阳，是什么感觉呢？现在梅雨季节快要过了，马上到三伏天了，就是《黄帝内经》讲的燥、热、火这个季节，身上难受，所以梅雨季到三伏天最严重。这是讲身体外面的感受。

如果学医的就要知道，夏天身体里面反而是寒的，我们的胃是寒的；可是大家喜欢夏天吃冰凉的东西。以养生之道来讲，修道的人不干这个事，夏天反而要喝热的，吃热的。这是地球自然的物理，夏天手伸到井里去，地下水是凉的。

所以我们讲山西人不但会发财，还聪明；你到山西那个古房子一看，有地窖，还有冰窖呢。冬天把冰放到地窖，到夏天还没有化。我们夏天觉得热，因为受大气的影响，身体体能的温度向外发散，表皮上感觉很热流汗，内部就寒了，这是养生的道理。所以很高明的医师，有时候夏天的病，不是给你吃凉药，反而是吃大热药。

我现在还没有开始哦！因为看到你们盖腿这件事情，就先讲起这方面了。燥跟热不同，中国人自己要懂中国字哦！不要以为这些课程你们都听过，你要晓得我是八九十岁的人，算不定明后天就走了，所以你们这一次听课，要慎重一点，听了要记住，不要靠记录，不要靠计算机。脑子不记，光靠记录、计算机都没有用。所以讲到阴阳，燥跟热不同，你不要以为听懂了，不要玩聪明，因为中国字你们没有一个字一个字学过。

暑湿，现在还没有到三伏天呢，我们是讲黄梅天的湿。现在我们觉得热啊、冷啊，气候不舒服啊，那是湿度的关系。这个空气里头有水，而这个水被太阳一晒变热水，我们现在的身体像是泡在洗澡池的热水里，因而不大舒服。所以暑天有湿。尤其上海在海边，这里是太湖，暑湿蛮严重的，最严重的是南京、武汉，西湖边上，有水汽的都是暑湿。所以学医，保养身体就要注意这个。现在是告诉大家自己保养，所以才讲阴阳六气。

我们过去读书，也读《黄帝内经》，我是十二岁半开始读的，我怎么读起这个呢？我有个老师，他也信佛，一部《金刚经》摆在那里，另外也有一部《黄帝内经》。我们年轻嘛，站在旁边，听到黄帝很稀奇，他就笑一笑，告诉我一句话，这是医书啊！“先生啊！我看一下好不好？”“要看拿去嘛，最好你能背更好。”那个时候就接触《黄帝内经》了。我现在讲中国人学文也好，学医也好，学政治也好，如果《黄帝内经》都不摸，都不懂，够不上谈中国文化。你不要认为那个是医学用的，里头许多人生的道理，政治的道理。

刚才说温度已下调一二度了，太多一点了吧？你们马上要调回来，现在已经到下午了，太阳一下去就凉快了，我是贡献你们意见。还有一句话，刚才进来大家热，现在还是三点钟呢，为什么现在会觉得凉快一点呢？刚才你们报告感觉难受，所以把温度调低一点。是这个原因吗？不是。什么原因呢？中国文化一句老话“心静自然凉”，要注意这个，非常重要。我还记得年轻时，站在操场看兵操练，自己站五个钟头，全身武装，还穿着皮马靴，在大太阳下，里头的汗像雨水一样的流，外面看不出来。我静静站在那里，屹然不动。

那个时候没有体会那么深，只好把自己忘了，要装英雄嘛，要领导别人，做模样。什么叫心静自然凉？对热啊、冷啊，不在乎它，不理它。你说热得不得了，想到热得不得了，你更热了，所以不能心静自然凉。你看大家因为有个老头子坐在这里给你们乱吹，一听话把这个热的观念一忘，就好多了，这是心静自然凉，修养的道理就是这样。换句话说，你碰到烦恼或危险的时候，只好放下，所以禅宗讲“放下”，你不理就没有事，那就轻松多了。就是为了盖腿，为了打坐，给大家讲了那么多啰嗦的话，要大家注意。

你们现在都自动盘腿了，但是现在大家自由，不一定要盘腿，最好平常每天规定自己时间打坐。坐不住的腿先放下，后面还准备有藤椅，坐着听也可以。不过这几天当中很严格规定打坐时间，到那时你慢慢体会吧。

此次聚会的起因

我这一次发给大家的通知，诸位有些看到，有些没有。本来我那个信，是照我的话记录的。这是我当时想，因为辛苦了那么久，这个地方也差不多初步可以用了。还有外面要求我们这个课堂马上讲课啊，要求很多事情，都没有启动。这一次想到是对内部自己人，我讲“自己人”，是跟着我们一起筹备庙港这个地方的，大家在一起讲一些东西。

第二个观念呢，我想到我年纪大了，古文讲“耄耋之年”，八十称耄，九十称耋，所以古人讲“风烛残年”，蜡烛点在风口一样，算不定一口气就吹没有了。风烛，风前的蜡烛；残年，等于剩下没有多少时间，像花一样，已经开得差不多了，这是中国文学的形容。

好多年前我修好金温铁路时，当然骂我的也有，恭维的也很多。我说不要恭维，区区一条人世间的铁路算什么；吹牛吹大一点，如果我还活着，想为中国人，想为人类做出一条路来，叫做“人道之路”，那是我几十年的愿望。现在这个地方，是修这一条路开始的基地，所以我想启动，试用一下。

其次呢，想到自己这个风烛残年，再想到认识的一批朋友，学佛的，做学问的，用功的也很多，但我讲句真心话，在我内心感觉很悲哀。我今天讲这个是真话，因为不管出家在家，没有一个有成就的。尤其这一次，古道听我的话，去了江西，禅宗五宗的祖庭都去了。我特别叫他在每一个禅宗祖庭，都住半个月体会体会，看深山古刹里面有没有真正大修行的人。我讲大修行人哦！大修行人那就不是打打坐了，而是大彻大悟，得道的人。古道出去还写日记报告，几个月回来对我笑一笑、摇摇头；我也只好对他笑一笑、摇摇头。这个笑是很痛苦的笑，我们中国传统的文化怎么办？都没有人！自己感到非常的悲哀。因此也想到，大家有些都是大师了，大教授，我今天讲很不客气的话，在我内心感觉很严重！

我那个信发出去，上面没有名字，结果可能搞错了，名单露了出去，有些朋友看到自己不在名单中，就起分别心难受了。其实不是这样，有些朋友并不一定走这一条路。是针对比较肯走这一条路的，想让他们回转来检讨检讨，不要自欺欺人，一无成就。所以是以这个心情发通知的。如果说我要教人学佛打坐啊、谈修养啊，那来的人很多很多，我们这个课堂容纳不下的。所以这次都非常秘密，好像见不得人一样，偷偷摸摸地做。我原来预算只有十几个人，后来通知下去，算一算二十多个不到三十，结果现在满堂八十个人。所以这一次我们要真反省，真研究，真讲一点东西。虽然你们都听过了，但是不深入，尤其我们前面这一些老同学，很多都五六十了，没有出家已经光头了。所以看到你们没有成就，心里更难过。为了这个，在这里做这个事；换句话说是自我内心的检讨。可是这个检讨很重要，看起来我像在交代后事一样，也差不多；人生到这里没有什么，你们要真正好好去体会，这是报告这次活动的前因。

说禅凳　说打七

首先，我到底不像年轻时了，大家几十年都希望我打七，我打七就不是这样了。为什么叫打七呢？打七这个名称，也都流行几十年了。所以我昨天晚上一到禅堂，看见同学们正在排禅凳，我就给做事的同学吹牛，这个禅凳丛林很少有，世界上原来没有，是我发明的啊！在台湾开始的。乃至你们凳子上面的大棉花垫，还有小棉垫子，也是我发明的耶！我没有申请专利，现在全世界流行了。

现在禅凳这样排，还是我带领他们布置，这样摆，那样摆，还给他们说了很多理由，可惜这些理由你们都没有听到。他们夜里跟着我忙，然后一边忙，一边在埋怨，“老师啊，我今天劳动做得很多啊！”好像我还要发一个馒头给他奖励奖励一样。当然那天晚上摆来摆去是很辛苦，这些个禅凳，也可以铺开当床睡。

我要是真的打七，从早晨六点钟起来，一直到夜里十二点，跟你们随时生活在一起，走路、吃饭，一分钟都不松懈，手里拿着香板，虽然没有打人，但是差不多就是随时可以打人，这个叫做打七了。我现在不是耶，现在我们是在讨论。因此大家集中在一起，怎么办呢？先做做瑜珈吧。

本来还有一个想法，让某同学早晨带领大家，听其自由教教大家基本运动。他是少林高手，不是开玩笑的，打架是真打的。现在或者先打一套拳，比一下给大家看，我可以休息一下。（示范表演）

我在这里都听到他身体里面骨头响。你教的基本功大概是什么？每次动作要做多久？找适合他们练的功，带领他们运动。你们要练身体的，跟着他早晚练一下，我可以少讲一点课。等一下讲课正式开始，希望大家这次认真一点，要带笔记的赶快带，我是反对你们做笔记，但是不能不记。先休息一下。

第二堂

洞山的诗
静坐的书
《瑜伽师地论》的五道
瑜珈和打坐
失传的七支坐法
第一支
第二支
三、四、五、六、七支

洞山的诗

刚才休息，我看到一群年轻人围绕宏忍师在写一首洞山禅师的诗。禅宗曹洞宗派的洞山祖师是浙江会稽人，他在诸暨五泄山出家，古道去过了。他回来跟我讲，那个瀑布的水有五节，一节一节漂亮得很，我听得都傻了，很想上去。现在世界上流行的禅宗，尤其日本大都是曹洞宗，原创始人就是洞山禅师。

他这一首诗我顺便讲，意思就是我刚才讲话的心情，也就是洞山禅师的这首诗的心情。

净洗浓妆为阿谁　子规声里劝人归
百花落尽啼无尽　更向乱峰深处啼

“净洗浓妆为阿谁”，第一句话是描写尼姑的诗，等于说不打扮，不穿漂亮衣服，剃了光头出家了，洗尽浓妆，一切都丢掉了。第一句诗很有意思，很香艳。如果只看这一句诗，好像是那些尼师恋爱失败出家的诗。“为阿谁”，是浙江的口语，就是为了谁。

只有二十八个字的诗，说出了他一生的心情和感想，同我刚才讲的话一样。“子规声里劝人归”，子规是杜鹃鸟，中国古文学的杜鹃也叫子规，还有个名字叫望帝。望帝是什么呢？这就讲到中国上古文化了。四川成都在古代是另外一个国家，叫蚕丛之国，现在考古学家都考据出来了，文化与我们不同。考据研究结果发现这是非常伟大的一个国家，不晓得怎么亡掉的，最后亡国的时候，这个太子伤心地哭，哭到眼睛没有眼泪就流血了，他的血掉在杜鹃花上，死后灵魂化成子规鸟，就是找归路，找自己的家。这是很艳丽的中国文化故事。

有些人搞错了，把子规和鹧鸪混在一起。鹧鸪鸟是春天叫的，不同。我们以前出门，古书读多了，听到鹧鸪一叫，心里很不舒服。鹧鸪叫是咕咕归，咕咕归，快点回，快点回。子规也有这种味道，快点回家吧！所以在抗战的时候，我们在大后方，到了山上听到这些鸟叫，心里非常难受，就想到古人的诗。第二句话“子规声里劝人归”，洞山良价说自己出家以后悟道，说法一辈子，希望人人都达到佛的境界。他一生弘扬佛法，像变成子规鸟的太子一样，眼睛里流出的都是血了，为了度世人，叫大家大彻大悟，悟道，子规声里劝人归啊。他在山里头住，听到子规鸟叫的声音，有这个感想，形容了自己。

“百花落尽啼无尽”，像山里头的子规鸟一样，春天都过去了，时代过去了，一切花都没有了，还讲这个玩意，像鸟一样还在叫，不死心。子规的叫是啼，所以给你们现在年轻人上国文课，老虎叫是啸，龙叫是吟，狗叫是吠，猿叫是啼，鸟叫也是啼。每个叫声的形容词不同，现在简体字都弄乱了。

“百花落尽啼无尽”，时代都过了，你老头子还在这里讲这个干吗！像蚕丛的国家没有了，变成子规鸟，还在伤心，还在哭。“更向乱峰深处啼”，子规鸟在山中丛林到处叫，在乱七八糟的地方也叫，这是洞山良价禅师形容自己一生的弘法。我今天给大家讲也是这样——“百花落尽啼无尽”——时代已经过了，可是在这个时代很想挽回文化。所以更向乱峰深处啼，在庙港这个地方还搞这个，真的是“百花落尽啼无尽，更向乱峰深处啼”啊！

这是诗的文学，所以大家很多人喜欢作诗，四句包含了那么多的意思，而且非常优美。净洗浓妆一辈子为谁学这个东西？子规声里是劝人归啊！希望大家同自己一样成佛，有所成就。

静坐的书

这一次我们集中在一起，尤其对老同学们要纠正，譬如你们都叫我南老师，我有一本书大家都看过没有？一定都看过。我当年年轻时写的《静坐修道与长生不老》，我等一下请问这里的老同学。别人讲老师啊，我看过你很多很多的书，我一概不理，那都是恭维的话。跟我久了的老同学，都是很用功的，我这一本《静坐修道与长生不老》的序言，目的是讲打坐吗？这是第一个问题。

第二，重点讲打坐的七支坐法，希望哪一位同学站到前面，详细讲给我听。如果配合中医、西医的医学，把生理作用都能讲清楚才好，这非常重要。我看我们老同学自己报名吧，哪一位讲？

首先我告诉大家，《静坐修道与长生不老》，我为什么取这个名字？当年几十年前，你看我的胆子、气派多大，多狂妄，把古人讲打坐的书一概推翻，叫大家统统不要乱学。尤其当年全国流行的是“因是子静坐法”，还有个“冈田静坐法”，是日本人的，蒋介石先生学的就是冈田静坐法。我统统推翻了，我说你们不要乱学。几十年前全国流行打坐修道，学佛的，比现在还闹热，多得很耶。而我写的这一本书是告诉大家，只写了生理最基本的一部分，希望你们大家回去研究。所以你们拼命要跟老师学，连这个也搞不好，跟老师学个什么啊？所以你们叫我老师，我不承认就是这个原因。而且我这本书以道家来讲，奇经八脉只讲督脉这一部分，任脉没有讲。当年写这一本书先在自己办的一个刊物上发表，后来要出书没有钱，还靠一个同学李淑君把刊物上登的用剪刀剪下，一行一行贴起来去印，那本书是这样初次出版的。

现在这本书出版了几十年，我要是考你们，一定讲不出来，还叫什么老师！换句话说，既然叫人家老师，就要研究这个人究竟是坏蛋还是好人，言行举动什么都要研究好耶！不只是表面上恭敬而已。你今天要听这个课就要诚心来学，把主观拿掉，先客观接受了回去再研究。

密宗有一句话，“你要学佛法，先要变成法器”，法器就是一个东西。变成什么东西呢？你要变成一个金刚钻的杯子，来要求狮子的奶。佛经上比喻，狮子的奶倒在普通玻璃杯中，玻璃杯会爆炸；要金刚钻的杯子，才能承受得了狮子王的法乳。所以你来求学，在这里的几天，要把自己主观的东西丢得空空的，完全变成空的法器，承受老师教的东西，装满一罐一碗，回去慢慢消化。如果有个主观，就不能变成法器；里头不倒空，你听不进去的。如果你坐在那里分析我的话，一边作感想，那是没有用的。

听课就是自己没有主观，你的学问再好都要倒光，先听人家的。等于法官问案一样，不用主观，把你详细问得清清楚楚，再来判案子。你一边在听课，一边自己有思想有主观，那听什么课啊！你做法官一定是个糊涂法官，因为重要的话你没有听到。

第二，我的《静坐修道与长生不老》讲打坐，七支坐法是古佛留传下来的，现在全世界都知道。这七个要点的来源也讲过，请问我们老同学们，你对于七支坐法真有研究吗？也坐了几十年，我可以说很悲哀的，大家都没有好好研究，坐得都不对，所以效果非常差。我们平常在一起吃饭说笑话，我懒得跟你们讲，一到这个课堂来，尤其我打七的时候，拿到香板就讲了。

“谛观法王法，法王法如是”，这是文殊菩萨出来替释迦牟尼佛说法时，先说的两句话。谛观，你仔细看，看清楚这个老师，佛为法王，一切学问之王。说到法王，不要想到神秘去了，是一切学问之王。“谛观法王法，法王法如是”就是这样。这样就是这样，肯定的。禅宗打七就是这样了，现在不是打七啊！我讲到七支坐法，你们真的研究过吗？人家教你打坐，就只是盘个腿坐在那里，这个样子也有点好处，但对于七支坐法根本不了解。现在我请问了，男女老幼的同学们，哪一位自己认为有把握的请出来讲一下，也使我轻松一下，不要客气啊，“谛观法王法，法王法如是”。（纪女士自告奋勇出来讲）

《瑜伽师地论》的五道

七支没有分开，是七个要点，所以要详细地研究，这一次要特别注意了。其实打坐就是瑜珈，瑜珈是音译。你看我们的《大藏经》，瑜珈两个字是斜玉旁，最下面一横是斜上去。瑜“珈”不是瑜“伽”，在佛学里这两个有时候读成一样，但不一样。瑜珈就是现在国际上流行的瑜珈。瑜伽呢？修瑜珈、修道的人叫瑜伽士。所以佛经里唯识学有一部重要的经典《瑜伽师地论》。学佛修行就是修瑜珈，打坐修禅的人就是瑜伽师。“地论”是说学佛修行，成佛证果，是一步一步，一地一地的次第进步。《瑜伽师地论》是弥勒菩萨讲唯识、唯心法门的著作，完全科学的，是一地一地的工夫求证，也有一步一步的境界。

《瑜伽师地论》分成十七地，中国这一千多年来，研究唯识学的大师们很多，民国以来南方的欧阳竟无先生，北方韩清净先生，都是杨仁山先生的学生，称为“南欧北韩”。韩清净先生研究《瑜伽师地论》的著作，我也看了，但是我不加评论；只有一句话，《瑜伽师地论》很少人读完过，也读不懂。不管唯识法相怎么讲，就算能把题目分析也不一定真懂。我刚给你们点了题，《瑜伽师地论》把学佛修证的道理分成五道，先学做人开始，先修人道；人道修好了修天道，就是我们中国儒家讲的“天人之际”；天道修好了修声闻道，小乘的，出家修行是声闻道；声闻修好了修缘觉道；缘觉道修好了修菩萨道，成佛。真正的佛法是五乘道，我现在还不是跟你们讲这个。

瑜珈和打坐

打坐也就是瑜珈，所以现在像那个何碧媚，她学了四五年的瑜珈，李素美她们都学了好几年的瑜珈，都晓得了。印度很多修瑜珈的，都还看我的书。他们很想见我，我也告诉印度朋友，你们真正宝贵的文化，都在中国，我很想送还给你们，你们要好好学。现在他们练的，做动作的是身瑜珈。我们少林寺的工夫《易筋经》、《洗髓经》，也就是瑜珈，达摩祖师带过来的。

修密宗的念咒子，是声瑜珈，声音的道理，这是个科学。参禅、静坐修道是心瑜珈，心物一元那个心。心瑜珈，除了佛法禅宗等等以外，另外也没有了。现在印度的瑜珈，流行的是身瑜珈，非常好的，跟中国练佛门的武功不同，就是合于老子的道理，“专气致柔，能婴儿乎”。你们学太极拳有一句话“心气配合为一”，最后练到身体一百岁还像婴儿一样柔软，可以长生，也是这个道理。所以你们打坐修安那般那，能够做到第一步，至少活到八九十岁没有问题的。所以打坐也就是瑜珈。

这一次再给你们讲，要注意了，不要马虎随便学打坐。我问你们，你们看了我的书，我的书上告诉你们，打坐有多少种姿势啊？九十六种。这叫狮子坐法（师示范）。你看到狮子吗？狗嘛！譬如在喜马拉雅山山顶打坐，四面都是悬崖峭壁，你在那里打坐要小心，算不定一昏沉，下去就没有命了。这是狮子坐法，有各式各样的坐法。你看我手放在哪里啊？（答：手是放在地上的）

讲得好听，说是狮子坐法，其实像狗坐一样，一切的运动瑜珈都是学动物来的。

另外是跨鹤坐法（师示范），女性比较重要，没有坐垫，你们不是看道家的书吗？女神仙骑在白鹤的背上，这是跨鹤坐法。还有日本的女人跪坐的姿势，也是跨鹤坐法，很端正的，所以一共有九十多种坐法。你们都叫南老师，南老师的书上写的有耶！对不对？这一次考试都不及格吧！

失传的七支坐法

这种七支坐法，佛经上怎么讲？释迦牟尼佛不是宗教喔，是科学家耶，也是大哲学家。他说历代成佛的很多，一个劫数都有很多佛，上一个劫数叫庄严劫，现在这个劫数叫贤圣劫，有一千个佛出来，释迦牟尼佛是第四位，再出来的是第五位弥勒佛。《大藏经》里说明中国出几个佛，阿富汗出几个，印度出几个，佛都有预言，很奇妙的。所以一般学佛，出家在家都不看佛经，随便看了一点佛学书，就以为懂佛了。

七支坐法，刚才纪女士也做了初步的报告，还差一分，还不及格。释迦牟尼说这个七支坐法在上一个劫数末劫的时代，也就是时代到了科学发达，文化衰落时，这个打坐方法失传了。所以迦叶佛末法的时候，五百罗汉在山里修道都不能成功。后来感动五百只猴子，是迦叶佛时代的罗汉变成猴子，在山上打坐示范。这五百个修行的罗汉看到才学会打坐；等他们自己得道以后才晓得这不是猴子，是得道的罗汉，故意示范给他们看的，所以才学回来这个七支坐法。

第一支

第一支，所谓支是什么？支是最重要的意思，第一支是两个腿跏趺，就是这样（师示范）。这样双跏趺的时候不需要坐垫了，可以起来（师以两手撑起全身）学瑜珈的可以跳动，腿就这样盘着，手一撑就跳过去了。假使我练一下表演给你们看，你们一人出一百万，我跳到那里去。这是双跏趺坐法，就是左脚放里面，右脚放外面。反过来右脚放里面，左脚放外面，也是一样交换。单跏趺就要用坐垫了，左脚在下，右脚在上；或右脚在下，左脚在上。你坐坐看自己就感觉了，假使右脚在下，身体向这里偏了，影响到左边的脑；如果是左脚在下，右脚在上呢？又向另一边偏了，你体会看看。这是体会啊！学啊！不是听啊！这是科学了，等于左右脑神经受到不同的影响，这是跏趺坐。

但是个人身体关系，喜欢这一边，不喜欢那一边，你就晓得身体的结构已经偏向于那一面了。所以自己要端正身体。你看大家，我昨天还笑他们出家人坐惯了的，人都是歪的，没有一个正直的。如果双盘的话，左脚在里头，右脚在外面叫金刚降魔坐法；如果右脚在里面左脚在外面，这叫吉祥如意坐法。你们看佛像，学密宗这些都要懂啊！这样坐起来（师转身背对学员），由尾闾骨起从第一到第七节，就要这样端正。这七个骨节很重要。

抗战那个阶段，我在成都碰到一位有道的老修行，说他是和尚也不像和尚，穿个长袍，我去见他给他磕头，他就骂我，叫我不要磕头，那么啰嗦干什么。我们谈了很久，最后告辞要走了，我说老师父啊，你现在怎么精神那么好？他那个时候已经七八十了，我才二十几岁。他就笑，送我到门口，就说了一句话：“我现在注意屁股上面第七节的骨头。”我说师父啊，这是什么意思啊？“嘿！没事，没事！走吧！”就把我赶走了，后来再也没有见到他。

我到五十几岁以后才悟到这一句话。人到了老年，这里很重要，屁股尾闾骨上第五节至第七节，就是丹田的地方。老年人这里弯起来了，男女都一样。其实他当时就是告诉我，将来会碰到这个问题，可能我也不懂，他先吩咐我。我的法缘真好，所以这个要注意。

两个腿一定要交换，一定要盘好，对身体有那么重要。你看密宗塑的佛像细腰身，臀部大，胸膛大。腰是直的，胸是挺的。所以昨天我还笑他们，每一个都是弯腰驼背，我现在站起来，身体还不像你们那样弯，我还可以不戴眼镜看报纸，还在带领他们搬这些东西。

我在书上告诉大家，假使你们不双盘，散盘也可以。散盘不要跷腿，那样身体就偏了，要放平。如果换脚，也要放平。不过我小时候学佛，在杭州一个和尚告诉我，盘腿啊，重要得很。他说有一个和尚，夜间在外面修头陀行，在坟堆上打坐，双盘坐到半夜以后，忽然听到吱吱喳喳，他张开眼睛一看，有些鬼跪下来在拜他。“哎呀！这里有个菩萨耶！放金光的。”他等一下坐累了，双盘变成单盘。那些鬼说不对不对，变了，亮还是亮，黄金的塔变成银子的塔，差一截了。他再坐累了，就散盘坐，那些鬼就拿泥巴丢他，说这是个什么东西啊，一堆泥巴放在这里。他一听，还是赶紧把腿双盘盘起来，那些鬼又来拜了。这是当年在杭州听的故事。

再说人老了，先死亡的是两条腿。假使老了你这个腿动都动不了，那不行的，生命从下面来的啊。那你说八仙那个铁拐李，还拐脚呢，那当然也可以，有方法修的，那是气的关系，全身要通的。这是第一支，最重要的。

第二支

第二支背脊骨要挺，不要故意去挺，是直如一串铜钱。以前铜钱是一串一串，串起来笔挺，从尾椎骨到腰这里，五至七节都要注意。尤其到两个夹脊还阳穴这里，练武功的人，这个还阳穴对到胃、心脏，都有关系，所以一定要坐好。当然你身体不好的，先勉强一点。你气脉到了一定会好的，这个姿势不对，身体弄不好不要谈修行了。你看现在这一些中年人，背脊这里一驼，打坐就这么勾起来，完全老化了。譬如我这样一坐，我的眼睛平视不动，可以看到两边；头平面地转过来，可以看到后面一点，这一边也一样。把脸完全转到背后去，我还没有做到，如果再活几年也许可以做到了。颈部这里要这么柔软。这是说背脊骨要挺，第二支。

三、四、五、六、七支

肩膀第三。重点是肩膀平，你们打起坐来这样，现在看着我！肩膀这样拉开平的啊！不要故意挺喔！再拉大是平的，万一手短呢？你不一定结这个手印，两手可以这样放在髈上，手太长的也可以放在膝盖上。

第四支结手印了。刚才讲长短，再拿解剖学、生理学以及中医气脉的道理，这一讲很长了，所以这个基本要搞好。

第五支讲到眼睛，最好是闭眼睛，古人所讲的是半开半闭，但是我的书上坚持要采用闭眼睛，因为这个时代大家用眼睛太多了，所以方法要变。

第六支舌抵上颚，第七支颈椎头部摆正。上颚在哪里？你们拿手指摸摸自己口腔里上面有个凹，那个叫上颚。所以告诉你舌抵上颚，如果抵在上牙龈的后根，是不对的，还要进去一点，这个凹是穴道，针刺这个穴道没有问题的，所以叫上颚。这叫七支坐法。

你们叫了半天南老师，看我的书，一考都考不起来吧！纪某有勇气是对的，可是要详细研究就多了。你真修安那般那气通了以后，全身十二条经脉，四肢的气都到了，详细研究是很厉害啊，都要搞清楚。

第三堂

比丘与福田
佛法是科学
追求生命根本的人
说发心
佛说的什么法

这一次我邀请诸位也好，召集诸位也好，这些名词不管了。这一次的聚会大家要注意，是一种非常值得珍惜的心情，也要珍重自己，不要像过去一样，光是说课好听，那有啥用啊！要拿来自己实验才行。我心里原想给大家讲的话，自己再一想很着急，因为大概要讲三个月的课，现在不照我那个办法讲了，只是一点一点把重要的抓出来，大家要有这个心情去了解。

下午讲七支坐法，打坐的外形。不要这一次听了就认为懂了，还差得远呢！至少要仔细看一下我那本《静坐修道与长生不老》，把上面所说七支坐法的要点研究清楚。但是很抱歉，那是当年偶然写出来的，我一辈子写书没有真好好写耶！真的。谁知道这一本书变成全世界六种语言的翻译，英文、法文，各种文字都有，我都没有想到。但是我心里感觉到，也可以说傲慢，也可以说谦卑、感叹，像这样一本书，有六种语言的翻译，证明人类的知识好低啊！我个人觉得那么普通的一本书，有那么好吗？可是现在回想一下，有关七支坐法，你们今天虽然听了，我还没有深讲哦！任何一支，任何一个姿势深入进去，学问都很深的，同现在的医学科学、自然科学、生埋科学统统有关联的。所以你不要随便说要学佛打坐。我经常自己笑自己，年轻学佛发愿要度众生，本欲度众生，现在反被众生度了。这是对自己的一种嘲笑，也是一种感叹，是真正的心情。

比丘与福田

现在的社会人类对文化教育，太容易自满，太容易自慢。所以中国文化道家、儒家，乃至于佛家，特别注重谦卑、谦下，不能自满。中国文化的根本从《易经》来，都极力要谦卑。佛教出家的弟子叫比丘，比丘是什么啊？明白的翻译就是讨饭的。你们不要搞错了，比丘翻译为乞士，乞士有两个意义，一、上乞法于佛，是向佛求法；二、下乞食于人，靠一般众生供养，维持生命。但是大家看比丘很高贵，觉得乞士多好啊！其实你这样想是冬瓜脑筋！不想一想，比丘就是讨饭的。

佛告诉大家“比丘为众生种福田”，出家的人讨饭化缘，给众生培养福分；众生布施你一块钱，送饭给你，众生有福了。布施的人有福了，你完蛋了，你只是人家的福田，你就是那个泥巴，垃圾都倒在上面的福田。人家布施给你当然有福啊，人家在福田下了种子，将来得好果报。你这块田呢？大家懂不懂农业啊？一块田地种了三年稻子，赶快要给它休息，换别的种，不然这个地力弱了，再种下去出不来那个稻子了；所以要交换种植，这是农业的科学。

你就想想自己吧！假设我是出家人，做人家的福田，给人种，多接受供养，自己消受得了吗？所以我经常说，大家学佛看佛经，什么都没有看懂。其实佛也是极力谦卑，要出家的比丘先学慈悲喜舍四无量心，最重要哦！现在讲物理学，最近来大陆的那个霍金，身体残废，坚强一辈子讲量子力学。科技大学校长来了，大家说到量子力学，我马上找佛学的《量论》给他看，佛告诉你一切无量，物理是怎么讲量的？这个是重点大问题，很重要的问题。

我们现在先不讲科学。学佛要发四种无量心，什么叫无量？没有限度的，没有范围的。先培养自己四种心理基本，慈、悲、喜、舍。我们现在把慈悲变成口头话。儒家孔子讲仁、义。道家老子讲："我有三宝"，第一宝就是慈悲。"曰慈、曰俭"，节俭的俭，也等于简单的简。"曰不敢为天下先"，不敢为天下先就是谦卑。

刚才我话一讲就扯远了，心里的目的要赶快告诉大家，一天很容易过。譬如这一次我也犯一个错误，你们也犯了错误，大家犯错误。我的信上通知，七月一日开始，要来的人在二十八日要先告诉我们准备。结果你们呢？一日上午才到，所以我只好将就了！对不对？这就是错误。一个信义的"信"字都做不到。虽然是小动作，但是国家民族的道德文化建立，我们要从这里开始检讨自己。是七月一日开始嘛，当然我没有规定一日早晨几点开始。换句话说，大家同我们一样，大模大样地把时间不当一回事。所以我经常骂人，你们给人家约明天上午，我说上午有六个钟头耶。下午见面，下午也有六七个钟头耶。

佛法是科学

刚才下午讲到七支坐法，自己要研究，现在不讲打坐了。所以我说不打算照次序讲，否则三个月都搞不完。我们今天这一次开始，只好从佛法入手，不是佛学，也不是讲佛教。你们看我的书，有一个观念要搞清楚，我经常把这三个分得很清楚。佛教是宗教，它有它宗教的形式，有它宗教的习惯，有它宗教的行为。譬如出家、盖庙子、化缘、做法事，都属于佛教的范围。尤其佛教到中国来，建立了中国特色的佛教，等一下我讲给你听，你们要记得问我，中国特色丛林的佛教怎么样？你们应该要懂，可是现在很少人懂。

第二是佛学。一般人研究佛经，东南亚小乘的国家泰国、越南，以及注重小乘的国家，如日本、韩国，乃至中国，许多大学问家，研究哲学的，研究佛学的，这都是属于佛学，讲理论的。佛学家很有学问，讲起来头头是道。在我呢？从小到现在，就是古文一句话，“在所不取也”。大家听懂这句古文吧！对于这些，我是理都不理，因为我也很傲慢，讲学问太容易了，“在所不取也”，我看不起；不是看不起，是不注重这一面。世界上学问多得很啊，治国、齐家、平天下都重要，我还搞这个闲事！可是我也会，真讲佛学，我可以说比大家细密一点，但是我不注重，不向这一面走。

我是想要怎么样成佛，怎么样得道，至少打坐坐起来怎么入定耶！你讲了半天学理干什么？像学科学一样，我要发明，做一个科学家，光谈科学的理论，拿个博士学位，不过教书而已嘛，所以我不讲佛学。但是，你们讲佛学我还看不上，你们一讲，我认为都错。所以我要告诉人家的是佛法。我一生走的路线，是研究佛的修行方法，他的方法是干什么的？是解决生死问题的。

追求生命根本的人

我也常常告诉你们，这是逻辑了，人文科学逻辑，一个是学佛，一个是佛法。我说你们学佛，有谁够得上学佛？我就没有资格。我说学佛要先研究佛，释迦牟尼佛现成的太子、现成的皇帝不做，为什么？又没有恋爱失败，又没有事业失败，又没有受到什么刺激，他为什么要跳出去干这个事啊？剃个光头，做个讨饭的比丘。

佛是大比丘耶！研究他的一生，他有几次灾难，出来化缘，过了午时没有人布施，就饿着回去。还有一次，碰到外道婆罗门教，看不起佛教，布施马粮给他。换句话说，人家给他狗吃的东西，他就谢谢，端回来也吃了。给众生做福田嘛！你想想看，他的行为我们学得到吗？再说，关于佛的传记很多，英文的、中文的，有些说他十九岁出家，有些说他二十几出家，这就是搞佛学了。你看了以后根本就不要信佛了，不晓得搞些什么东西。

释迦佛确定是十九岁出家，因为有些小乘佛教，不承认他出家以后十二年的修行，那是跟外道学习的经历，好像对他不光荣，所以都拿掉了，改成二十多岁出家。他出家以后遍求一切法，印度婆罗门、瑜珈，什么他都学过，都丢掉了；然后一个人跑到雪山苦行六年——我现在不讲他的传记，讲出来比武侠小说闹热多了——然后最后到菩提树下悟道，三十一岁了。

所以学佛，我说那太难了，因为有一些人根本是平民百姓，随便剃了光头，穿上出家衣服，就算学佛了！这些人，我没有办法跟他学。

佛法在哪里呢？以我个人的经验告诉你，尤其是中国禅宗、密宗，记住一句话，“佛为一大事因缘出现于世”。这句话不要靠笔记哦，老靠笔记有啥用！你看我这一生，从小起不靠笔记，我的脑子妈妈生给我就是计算机，为什么不用脑子把记忆力加强呢？像这一句话，我看了就记得。你则要赶快拿笔写啊，写给谁看？自己也不看，等一下就忘记了。“佛为一大事因缘出现于世”，中国的佛法，禅宗一句话结论，释迦牟尼佛是为了一件大事，出现在这个世界上。在禅宗讲是个话头，他为了什么大事来啊？

我们拿中国文化批注你就懂了，中国道家庄子告诉你“死生莫大焉”。世界所有的学问，其中有个问题最大，就是生与死。生命怎么来的？就是研究生死问题，这是佛法的精神。英国的大物理学家霍金，前两天来中国，也是讲这个问题，我们怎么活到这个世界？人类究竟从哪里来？生从哪里来，死向哪里去？他说：世界是无始的。这句话本来是西洋哲学家亚里士多德讲的，中国人就信了；其实释迦牟尼佛早就讲过了，比他早很多年。

可是几千年来东西方文化，到现在为止，究竟人从哪里来的？宗教家、哲学家、科学家都在追求，还没有结论。人为什么生来又会死掉，为什么会老会病，又会有那么多痛苦烦恼？释迦牟尼佛出来就是为了解决这个问题。庄子说“死生莫大焉”，生死问题，这是个话头。

说发心

学佛的人讲要发心，到庙子去的居士们，听到和尚们说“你要发心啊”！就是说你要拿钞票出来布施，或者你要盖个庙子，那个是发心，发布施的心。但是真正的佛学、佛法、佛教，叫你发心是发“了生死”的心，这个才叫发心。这个发心，就是佛经上讲发阿耨多罗三藐三菩提，求无上正等正觉，大彻大悟，了生死的心。

请问我们大家同学们，你当时开始学打坐，学佛，甚至这一次来，你有这个意思吗？没有。不过南老头那个人又讲课了，好听，去玩玩。发个啥心啊！了生死的心？你想都没想过。生死是可怕，但是懒得想它。阿耨多罗三藐三菩提翻译成中文，阿耨多罗是无上，至高无上。“三”，中国这个字发音，在梵文里头是正。三藐三菩提就是正等正觉，就是大彻大悟，为了自己了生死，这个叫发心。

我们同学里头也有讲，哎呀！我从小就想出家，譬如后面坐的某某啊，这些都是庙子上跑过，剃过光头，你说发这个心剃光头的人，是为了了生死吗？才不是呢，是好玩，唉！烦死了，出家好。这叫什么发心啊！发烦死了的心。

对不起，我开始学佛，是发我要成佛这样的心。我从十几岁起，小说《三国演义》看多了，立志要做英雄打天下，英雄做好了，天下大事完成，晚年出家成佛。这是我的目标，晚年才成佛、成仙。那个时候还不知道佛，只晓得神仙。所以后来我碰到好几个黄埔老将军、同学，对我说：老兄！我要跟你学佛。我说你学什么佛？你出来的时候有没有想当皇帝啊？他说：你胡扯个什么啊！我说：真的，我出来就想做皇帝，你连做皇帝都不敢做，你学什么佛啊！后来他们骂我太狂了。我说真话嘛！佛是这样来的，为了一大事因缘来，要成佛。

现在从今天起，要跟你们讲如何走成佛之路，一定要自己发心，不是只听我讲。听我讲的话，请问我现在讲的是什么？拿佛学来说，我刚才讲了半天的话，就是“劝发菩提心”，劝你们发心。可见大家没有发心，我是劝导你们，不是说来打坐，求个平安，或者如何，或者老的时候走得舒服一点，都毫不相干。一定要真正地发心。

你看释迦牟尼佛这个心，出了家以后他没有想当教主，据我的研究，释迦牟尼佛三十一岁悟道以后出来弘法，他跟孔子一样，很多人跟他修道，他带领这些人变成一个团体，教育的团体。变成佛教的形式是以后的事。你们是没有看经典，我看了《大藏经》律藏，看他活得很烦耶，比我们痛苦耶，带领那么多弟子，里头好的坏的，有些坏事做绝了的都有，他痛苦得不得了。

有一天他自己烦起来，一个人离开弟子们向山里走，正好碰到对面来一只大象王。那些象非常吵，又打架，那个象王也很烦，下山走。释迦牟尼佛跟它碰见了，摸摸它的头说，这个时候我跟你的心情是一样的，好烦啊！所以我看来他没有想创一个什么宗教，宗教是后来的人搞的。

所以佛经上记载，他在菩提树下大彻大悟，证道成佛了，就马上要涅槃。这像宗教神话一样，这时感动了大梵天主恳求，你老人家不能走啊！你多生累世发愿，悟道以后要度一切众生，你现在悟道了，怎么可以就走呢？我们没有得度啊！所以佛才出来说法，这是第一点。

佛在说《法华经》时，就对舍利弗说，“止，止”，不要说了，不要说了，“我法妙难思”，我所悟到的没有人懂。因为佛法不是思想，不是推理，不是学问可以做得到的；要实际科学求证的方法去实践，没有人肯去干这个事。

现在是讲真正的佛法，都要记住，不要靠笔记。我是恨铁不成钢，希望你们脑筋跟我一样，一听一看就记得，我做得到，你为什么做不到呢？我到现在还很努力，读书要记的时候，记不得就拼命去记啊。乃至现在科学不懂，我拼命研究，哦！原来这样！我跟科学家谈论，还批评这个那个不对。

佛说的什么法

第二点，释迦牟尼佛在菩提树下，到了第七天睹明星而悟道。天快要亮了，抬头一看天上一颗亮星，那大概是向东方看，月亮下去了，整个天朦朦的，晨星出来了。他看见了，一下开悟了，大彻大悟。这是禅宗的记载，你注意哦！非常重要。禅宗讲睹明星而悟道，这几个字就解决了，比较俗语化、口语化。佛学呢？“睹明星而成正觉”，已经佛学化了。

他悟道了，讲的这几句话，特别注意。“奇哉！”拿现在白话翻译，就是好奇怪啊！所以感叹，“一切众生皆具如来智慧德相”，又变成佛学化了。你看中文把它翻成语体文。“一切众生”，不止一个人哦！每人都完全具足，都充满的，本来就是个佛，我们大家不但有佛的智慧，还有佛的功德，一切具备没有欠缺。“只因妄想执着，不能证得”。既然一切人都是佛，个个都是佛，普通人为什么不变成佛呢？有个东西把自己挡住了。所有的思想、感情，能够知道的，都叫妄想，被这个妄想的东西挡住了。只因妄想执着，把自己的主观抓得很牢，所以不能成佛，就是那么简单。他讲了这个话以后就要涅槃了，就要走了，才感动大梵天天主赶快下来跪在前面说：你不能涅槃，因此才出来说法四十九年。这是禅宗的开始。

你看释迦牟尼佛后来讲的佛法是什么？一切唯心。都是自己，没有上帝，没有阎王，没有天堂，没有地狱；如果说有的话，天堂、地狱，上帝、阎王，一切也都是你变出来的。这是一个问题了。世界上究竟是有他力，还是自力？究竟是唯心还是唯物？佛告诉我们彻底唯心的。不管唯物、唯心，都是心的本体来的，谁都做不了谁的主，没有个主宰，生命就是这样来的。佛彻底地推翻了一切的宗教，一切的哲学，一切的科学，一概都扫掉，只有那个生命的主宰，你明白求证到就行了，就成佛了。

这是真正的佛法，没有佛教的形式。表面上看它是无神论者，没有个神，没有个主，没有个偶像，有个偶像就是着相。不崇拜偶像是来自佛教，不是耶稣教、天主教的，一着相就是偶像啊！就不是了，彻底的唯心。所以他一辈子说法就是讲究竟唯物唯心，辩论分析。他一生说法没有宗教性的，而且推翻了一切宗教，一切哲学，一切科学。以我个人几十年的研究，觉得最特别的特别，世界所有一切宗教，都跳不出他的手心。

第四堂

学佛成就者的生老病死

生死 不生不死

树洞中的行者

宋徽宗的诗

天下无藏道可亲

有情身 定里身

南怀瑾

学佛成就者的生老病死

刚才讲到释迦牟尼佛怎么样悟道，这就是禅宗的开始，禅宗是根据这个线索来的。像我们研究释迦牟尼佛，他为了了生死而出家，放弃了帝王的富贵荣华，出家为了解脱生老病死苦，嘿！最后呢？他还是生老病死走了，这是什么道理啊？一切宗教的教主都是为了解决这个，可是一切宗教的教主最后还是走了，没有一个常在的，即使道家的神仙我们也没有看到过啊！这不是一个大问题吗？难道世界上的这些宗教，这些学理，都是骗人吗？但那些受骗的人，都是历代第一流智慧的人，是否上当以后心不甘，再来骗人呢？这就是学佛要参究了。

释迦牟尼佛，经典上记载，他活着时也有病，也吃药啊，吃他的弟子名医耆婆居士开来的药。不过戒律上讲到，有一次佛感冒伤风，叫耆婆来给他开药，佛看了耆婆的方子说，你少了一味药。耆婆说：师父啊，您真高明，您永远比我们高明，我真的忘了。他说你忘记了加酥油。这些在戒律方面记载得很实在。但是他还是会老，他还是会病，他还是死了。

不过有些人研究，讲他是神话，他死后弟子们把他装在金棺材里。所谓金棺材是铜的棺材。他的传法弟子迦叶尊者，是禅宗第一代祖师，拈花微笑故事的主角，现在还活着，在云南鸡足山那个石门洞里入定，我是相信他还活着。佛最后等他不及就走了，迦叶尊者赶到时，佛已经装进金棺了，迦叶尊者很难过，就跪下来，佛为了他，从棺材里把脚伸出来。他又怎么有这个本事呢？迦叶尊者看到佛的脚，就捧着这个脚，“知道了，世尊！”佛把脚收回去了。所以我们拜佛磕头，等于额头碰到佛的脚。

其次，他同一般人一样，照佛教佛学来讲，这叫做“示现”，表示生命是无常，谁也逃不了这个规律，无常是不永恒的，世界上的一切事情都不永恒，他表示无常给你看。但是他临死前说《涅槃经》告诉你，我们生命背后有一个真正不生不死的永恒的东西。以佛教佛法来讲，他吩咐四大弟子，他的儿子罗睺罗、迦叶尊者、君屠钵叹，还有宾头卢尊者，留形住世活着，而且把自己的饭碗、衣服交给迦叶尊者入定，等到弥勒佛到这个世界成佛了，把衣钵交给他以后，才准许迦叶尊者涅槃。他四大弟子可以做到不死，这又是什么道理呢？这就是话头了，问题都来了。

生死　不生不死

再说，比如当年我十二岁起学道家，因为练武功，自然慢慢会喜欢道家。道家学了以后到二十几岁学禅宗，跟着袁老师，也明白了。但是我当时在禅堂就问袁先生，那我的生死呢，怎么了？袁先生就骂我一顿，你看那个上面有没有生死啊？我说没有啊，就不问了。可是还是问题，八九十年我始终有这个问题。是的，这个上面没有生死，看了释迦牟尼，看了迦叶尊者，看了禅宗在印度二十八代祖师，一直到达摩祖师，每一个都是神通自在，智慧第一，要走的时候都很洒脱地走；但是我还没有耶！于是再转道家，再转显教，再转禅宗，再转密宗红教、白教、花教，等一切摸完了，都不对啊，都有个问题在啊！

所以我在台湾到五六十岁的时候，我给有些人讲，佛法修行是真的有这个东西，不生不死，我可以证明，但是我没有办法站到法庭上给你证明。换句话说，就是无法公开说明这个东西就是不生不死！我说等到有一天我站出来给你证明的时候，我就走了。

刚才黄医师问我气的问题，他是西医，当然是唯物文化出来的，也不相信打坐，更不相信生命有个气。他开始还笑我呢！气？嘻嘻！这样笑我。现在他给气骗住了。他说："现在不是我做主，是气做了我的主，怎么办？"我说：慢慢听讲不要慌。他现在先相信有个气。

譬如当年这些问题，你们学佛的人一打起坐来就要无妄想，无念，这是大家乱解释的。我研究了八九十年，这些学佛的都是瞎子牵瞎子，叫你没妄想，叫你不思想，没有这个话耶！怎么样叫做没有妄想？这是问题，生命是怎么样活着的？怎么死亡？是个问题。所以我最近讲生命归纳起来只有几个问题，最严重的是怎么投胎来的，这个学埋在哪里？我们自己不知道，黄医师是专门研究的，他是妇产科的医生，我笑他，香港大概有万把人都是他接生的。

生命究竟是怎么来的？生来又怎么死掉？生死是一个问题。还有白天活着为什么夜晚要睡眠，难道真的是脑神经要休息吗？像我现在很少睡眠啊，一样有精神给你们讲话。很少吃东西，有时又吃得很多，这样的体力精神你们不一定比我高明耶。这几个年轻人跟着我活动，我看他们比我还老朽一点的样子。还有白天跟夜里的问题，跟做梦的问题。当然心理学、医学都有解释，但都不彻底，最后是“心意识”的问题。

树洞中的行者

禅宗二十八代的祖师，都有记录的，都是神通智慧第一流，都有表现的。密宗讲修成功的人，最后化一道彩色的光明走掉。那个都不稀奇，没有什么了不起，很容易，但还是不究竟。那么定力究竟有没有呢？譬如我教大家，明天就会讲到这个，讲修行的《达摩禅经》，有个故事讲出来，你们参参看。

《达摩禅经》并不是禅宗的达摩祖师，是他同门佛大先的徒弟佛陀跋陀罗所传的。当时他被长安一批有学问的大和尚赶走，到江西庐山才翻译这一本经，把修行做工夫的经验留给中国，后来他在建康（南京）涅槃。他是有工夫的，他有个徒弟叫慧持法师，就是中国净土宗创始人慧远法师的弟弟。

先说慧远法师为什么出家，同当时的政治有关联，他看不起那个时代，跳出政治圈子出家了，后来在庐山创了中国的另一个宗派“净土宗”，根据佛学，提倡念南无阿弥陀佛，往生净土。他的亲兄弟慧持法师，跟这位佛陀跋陀罗禅师学禅定，走禅宗路线。这个故事不能说假的哦！这是晋朝时候，大概是公元第五世纪。

历史上有些记载，慧持法师到四川以后，就到峨嵋山走一圈，死在峨嵋了。可是到了七百年后的宋朝，峨嵋山下的乐山（嘉定），有一天刮大风，一棵大树吹倒了，发现有个和尚在树洞里打坐。最后向中央报告，当时皇帝是宋徽宗，会画画、写字，文学非常好。他一听有个和尚坐在树洞里头，指甲长得把身子都卷起来，胡子头发指甲还在长，就下命令送到首都河南开封。

中国素来有个宗教局，宋徽宗那时管佛教的是喇嘛金总持，是吐鲁番、甘肃、青海那边来的，就请他来，敲引磬让慧持出定。打坐入定的人，怎么叫都出不来的，要在耳朵边上敲引磬，才会出定。你们注意，要慢慢敲引磬（师示范）。磬，文学上叫“青磬”，木鱼叫“红鱼”，红鱼青磬配起来很好听。

慧持出定第一句话：“我的哥哥呢？”大家问他，你的哥哥是谁啊？他说慧远啊。嘿！那是晋朝的人耶，现在是宋朝啦，离晋朝有七百年了，你哥哥早涅槃了。他说这样啊！眼睛一闭又要入定了。那个蕃僧拿引磬这么敲，你不要入定，你入定干吗啊？问他准备到哪里去，他说要回河南陈留。他两兄弟是陈留人，玄奘法师也是这个地方的人。这个故事很有趣。

这个肉体怎么一打坐七百年？所以《高僧传》记载，打坐几十年、一百多年活着的很多。我小的时候，晓得浙江诸暨有个道士，入定活到一百多年了，指甲会长长，每年老百姓都要给他剪指甲，剪胡子。

宋徽宗的诗

生命是怎么一回事？所以我常讲，研究历史很有趣。这个宋徽宗后来被金人俘虏到五国城；听说有另一个材料，宋徽宗后来在东北出家做喇嘛了，这又是一件奇怪的事。他当时对这个入定的和尚作了三首诗，一看就是大彻大悟的诗。这位皇帝很奇怪，可以把一个国家玩到亡掉；他不但字画文章好，禅也学得好。嘿！中国历史奇怪的事真多。

七百年前老古锥　定中消息许谁知
争如只履西归去　生死徒劳木作皮

“七百年前老古锥”，什么叫老古锥呢？唐朝、宋朝的话老古董。慧持不是在这个树洞里打坐七百年吗？所以是七百年前的老古董。“定中消息许谁知”，这个问题就来了，可见他很内行；这个和尚究竟入的是什么定？是念佛，还是打坐？还是修密宗观想，念咒子？还是修气功，还是在修什么？你们说说看，哪个人懂得。这个定中的消息有谁知道。“争如只履西归去”，他说你一定定了七百年有什么用！还不如达摩祖师。

我们那位达摩祖师一百二十岁到中国来传禅宗，回到印度的时候一百五十岁了。传说达摩祖师死后下葬少一只鞋，一个和尚借一只鞋给他，最后他还把这一只鞋托人带回中国来。“生死徒劳木作皮”，这句话宋徽宗骂人骂得很彻底，说人死后都拿木头棺材来装。他的文学，禅的境界那么高，很不简单吧！不管他亡不亡国，三首诗都很了不起，我们一看就懂了，因为中国书读多了嘛。你们大家不懂，因为中国人不读中国书嘛！

天下无藏道可亲

藏山于泽亦藏身　天下无藏道可亲
寄语庄周休拟议　树中不是负趋人

第二首，“藏山于泽亦藏身，天下无藏道可亲”，这完全是引用《庄子》，中间有一个大道理，也是修行、悟道的大道理，宋徽宗这个皇帝都懂。《庄子》有一句话讲“藏舟于壑”，一艘千吨的大轮船，怕吹台风危险，把它开到山洞里去藏起来。天下人做生意，拼命把钱赚来就是“藏财于我”。“藏山于泽”，那么这个山呢？庐山啊、峨嵋山啊、喜马拉雅山，放到哪里去藏起来呢？放在海洋里头。对啊！整个的地球七分是海洋，一分是山，所以把山藏在海洋里。人多会藏啊！赚钱放在银行里也是藏，藏钱于银行。银行靠得住吗？银行藏在保险公司。保险公司藏哪里？不知道了。所以“藏舟于壑，藏山于泽”，人都想有个归藏，都想保存自己的财富，保存生命。

但是庄子说，“有力者负之而走”，你说把几千吨轮船藏在山里头，把喜马拉雅山藏在四大海洋之中，这是最好的地方了。可是有力量的人，背在背上就跑了，连山、连船都跑掉了。你们做生意赚钱，有权力、财富，但是有办法的人一下子把你并吞了，你就垮了。那么最好藏在哪里？《庄子》说：“藏天下于天下”，把宇宙放在宇宙里头谁动得了？所以藏天下于天下，藏空于空，把整个虚空放在虚空里，动不了了。因此我上次在上海演讲时说，“我们的国家究竟要藏富于民，或是藏富于国，要搞清楚。国富民强或者民富国强”，就是这个哲学。

懂了《庄子》这里，回过头来再看他这个诗。他说慧持法师躲在树洞里头，打坐七百年没有出定，“藏山于泽亦藏身”，他躲在树里打坐。“天下无藏道可亲”，宋徽宗说这不是究竟。大彻大悟以后，像佛证得菩提以后，了了生死才是真正的道。但是他说慧持法师虽然在树里头打坐，告诉庄子不要乱吹了，“寄语庄周休拟议，树中不是负趋人”，慧持不是想把树背走的人，他是藏身在树洞里头。你看宋徽宗的文学、禅宗、道家、见解多高明啊！

有情身 定里身

有情身不是无情 彼此人人定里身
会得菩提本无树 何须辛苦问卢能

第三首诗很值得参究的。“有情身不是无情”，佛学翻译一切人叫众生，唯识学翻译为“有情”。这个身就是有情的，这是众生。什么叫有情呢？就是一切生命的这个身体是有感觉、有知觉的，所以叫有情。第三首诗更重要，同你们打坐有绝对关系。

你打起坐来为什么腿痛难过，感觉舒服与不舒服，因为身体是有情的，有感觉有知觉的。宋徽宗这一首诗牛吹大了，完全是禅宗。天下人都在定中，不要修定，“彼此人人定里身”，都是不生不死的。所以他批评慧持法师，在树洞里打坐七百年，有什么了不起，没有悟道，要学禅宗。“会得菩提本无树”，如果像六祖作的偈子一样——“菩提本无树，明镜亦非台。本来无一物，何处惹尘埃”——这样才大彻大悟了，他的肉体不应该在树洞里留了七百年。“何须辛苦问卢能”。卢能是谁啊？六祖。六祖俗家姓卢，出家的名字叫惠能。

这三首诗太好了。看了宋徽宗的这三首诗，对他的亡国，一个君王亡国的罪过都把他免了，太高明了，“有情身不是无情”，这个身体是有情的众生，要懂得怎么调整这个身体。“彼此人人定里身。会得菩提本无树，何须辛苦问卢能”。何须不是不须，你还参个什么禅啊！你早就开悟了，成道了。

今天晚上讲到学佛，最重要的是如何发心，如何修证自己的身心。我们黄医师很着急，让他参究一下再说，睡一夜明天再来，你这个气在哪里？“有情身不是无情”，这个气，地、水、火、风，是有情身的物质，是唯物的作用。

第二日

第一堂

爱人如己

佛学里的生命科学

爱人如己

初次到这里，什么都搞不清楚的，先把打坐姿势调好。有一点要注意，在这里的同学对没有学过的同学，没有做到爱人如己。譬如我讲七支坐法，很多内容没有详细讲；可是我不讲的时候，你们诸位老同学有没有帮助新同学再研究呢？没有。你们有几个心理：第一，哎呀！他都会。第二，他相信我吗？我当然比他高明，但是我讲了人家不相信。第三，他的事，我管什么！这些都不是学佛的心理，是自私。学佛的人爱人如己，鼎力相助，可以彼此讨论，帮助人家，但是你们不会的。尤其知识分子更自私，只管自己，有很多的借口。

昨天讲七支坐法，大家要研究，尤其有医生在这里。黄医师非常科学的，生理方面，尤其妇女的问题，抓机会赶快问他。他见多识广，尽管问他。所以讲打坐，与生理都有关系，男性也可以跟他研究。他原来不相信修道成佛的，现在他学佛修道比我还迷信，所以你们都应该找他讨论。难得在一起，人生能有几次碰面机会啊！

你们听了有一个心理，哎呀，南老师特别捧黄医师，才不是这么回事！又错了，我是教你们占便宜耶！他坐在这里是我们同学耶，你到医院找他就不容易了。他这个人是菩萨心肠，凡是我们朋友有问题，他都拼命帮忙。譬如最近有人在香港跌倒骨头断了，黄医师知道了亲自去看他，发现问题严重，所以马上叫骨科医生儿子赶来，一看骨头断了，立刻帮忙送医院，马上开刀。我讲这个故事，是说在香港跟他认识以后，对我们的朋友、同学，随时这样帮忙。

这是对我这一方面，他对别的方面也是如此，我很佩服他的人品道德，他做到了有力即相助，很少有医生的架子。我听香港很多人提起他，都很佩服的。

佛学里的生命科学

这一次的题目是什么，大家还记得吗？就是“禅与生命科学的认知”。这个题目里头包括了三个大题目。第一什么是禅？你们要想一想，你们许多都是大博士、大教授，不要马虎耶！第二什么是生命科学？现在叫得很闹热。第三是新兴的认知科学，什么是认知？三个大题目可以写一百多万字的书了。本来要讲这个，我说来不及，所以分段分段地讲。

昨天晚上讲到什么是佛法，佛法是个大科学、大哲学，不是宗教，但也包括了宗教。佛为一大事因缘出世，虽说大小乘的佛法浩如烟海，不过是讲解禅与生命认知的问题。再归纳起来，就是全人类所要追求的宇宙来源问题。究竟人类生命的来源是唯物或唯心？今天的科学发展到了太空，尤其是从爱因斯坦以后，科学家讲量子力学这个问题，诸如纳米科技、信息的发展、人文管理的发展、计算机网络的发展，都是从量子的问题来的。当然后面还有很多的问题。其实佛学里头就有，只是大家拿不出来。如果你们这些大博士、大教授学会了，把这个问题配合科学拿出来，你们退休后，可以向这个新的科技方面发展，这是贡献人类啊！

今天中午还刚刚批评了他们，明知道我要讲这个问题，人怎么生怎么死，当我没有上来时，你们可以选一选讲课的录音带，严格规定他们再仔细听一下，这样对你们也好，对我也好。可是每个人都不动脑筋。也许动了，考虑很多，却不执行。要讲道德行为，儒家叫这个“为德不固”，做功德发心的事，自己虽看清楚了，却不坚持一定要做，就是“为德不固”，也就是阳明哲学讲的“知而不行”。以华严道理“理即是事”，道理到了，事情就要到达。跟了我那么久都做不到，常常听也听疲了，如果说你们没有想起来，那更错误。

我今天下午上来就骂人，你以为在骂人啊，这就是学佛的菩萨行，思想就是行为。你们学佛吗？这些都不学，学佛不是只管自己，利己利人最重要。像这么大热天，我们搞这个地方，请大家来玩的吗？是为了利人耶！你们打坐不是看热闹，不是看着我喔！是要听我讲话！生死问题你们听过再多，仍要重复研究，这一次要切实发心，真修行，了生死啊。

第二堂

你的学问工夫上身了吗

纯苦无乐——一转

求解脱——二转

十二因缘——三转

你的学问工夫上身了吗

为了讲这个生死问题，认识佛学，讲的都是重复的话，你们跟我很多年的朋友都会，可是我观察你们都没有深入。什么叫没有深入啊？学理跟工夫没有上身，没有到身心上面来。这是中国道家过去的一句老话。我看到过去老一辈子做学问修道的，一边谈话，一边说，哎呀！我不跟你们讲话了，大家同学问为什么？他说工夫上身了。他自己眼睛一闭就打坐了，这是真工夫，这是实验。所以你们学了多少年，学佛修道做工夫没有上身，做事业倒是蛮上身的。有些朋友官也做得好，生意也做得好，非常用心。只要讲到修养就不相干了，那是搞着玩玩的，这就是世法与出世间法的差别了。所以我说老同学们跟我很久的，理论都会讲，工夫没有上身，都是空洞理论，到学校做老师教人家可以。我认为有些教书是在骗人的，表示自己很有学问，给大家赞赏，可是对自己并没有用。一定要学理工夫上身才算。

现在为了讲重复的话，我再说一遍，我想在座我们很多老同学，学问都很好，叫他们来讲也许讲得比我还清楚，可是我还不放心他们讲，听起来都很对，但很不扎实。释迦牟尼佛悟道以后出来弘法，照一般研究佛学、讲宗教的，他先讲的是小乘法门。现在人一听到小乘，马上就看不上，意思好像是幼儿园小学生的课。错了！你学问尽管大，都要从幼儿园小学开始扎根。

纯苦无乐——一转

比如，我们研究佛学的，我先讲一个小题目，就是认知小乘是什么，先不要说认知的本身是什么，只能借用这个名词。对小乘佛学，我们的认知，只晓得佛开始说四谛。谛就是要点，哪四谛？苦、集、灭、道四谛。小乘法门讲四谛叫三转四谛法轮。记住哦！然后说到十二因缘。这是给你们上佛学的课了，也是科学很有用的哦！你们出去做事业、做生意、做官都有用哦！只要你充分明了四谛十二因缘的法门。综合起来讲，有三十七菩提道品，大小乘佛学的基础都在这里，是大彻大悟，自己了生死而成佛之路。一切大小乘的经典，禅宗、密宗，不管你什么宗，什么派，包括世界上任何一个宗教，都逃不开这个法则。如果你们想修行的话，这个学理搞不清楚是不行的。

我先把理论讲了，再讲修持的实际方法，这不要靠本子记哦！停一分钟大家想一想，刚才讲的四谛法门，苦、集、灭、道。佛三转四谛法轮，我常问这些佛学大家、大师们，三转怎么转法？像轮子一样旋转吗？这都是最基本的。不要认为这只是讲学问，打坐用功，马上要体会的。

譬如第一转，佛普通的讲法，教育法，就告诉你人世间都是苦，非常痛苦，只有苦没有乐。这个世界上的人认为的快乐，是把轻度的痛苦颠倒，当成快乐。颠倒就是错误的意思。比如我们花了很多的钱去按摩一个钟头，或者说洗三温暖，洗了又按摩；哎呀！昨天花了六百块钱洗了三温暖，按摩，好舒服啊！众生颠倒，实际上找个人来虐待你，冷水热水给你出汗，然后按摩，轻微地打你，就叫做舒服。按得重了，喔！轻一点，太痛了。

世界上纯苦无乐，因此分成八苦、十苦，看起来很消极，都是很实在。八苦之中的生老病死苦，这四个大家都知道。讲起来生老病死苦，现在我看看有些同学都老了，同我一样老了，但是忘记了自己老的痛苦。我是深深感觉到老苦的。刚才我跟沙弥讲到这里的建筑，她当时问我这个浴缸太高吧！矮一点好吗？问过我三次。我今天才悟到当时我错了，今天洗完澡出来的时候，我才晓得浴缸太高了；我想到五六十岁的人，两个腿都动不了，爬得出来吗？这就是老苦。眼睛看不见了，腰酸背痛了，各种病痛都来了，生老病死，大家在苦中自己不知道。不知道就是没有智慧耶！知道了，有智慧，就要想办法跳出来。

第五是爱别离苦，喜欢的人，喜欢的事，别离了，分开了。自己所希望的做不到，随时随地都在爱别离苦。六是怨憎会苦，不喜欢的偏碰上，普通讲的，骑马碰不到亲家，骑牛就碰上了。七是求不得苦，要发财，偏偏倒霉；要升官，偏偏没有官做了，所求不如意。第八个苦大家不知道，什么叫五阴炽盛苦？哪一个年轻学佛的同学来回答问题？（答：色、受、想、行、识。）

对，色、受、想、行、识叫五阴。这五个包括心理跟生理。“色”就是生理的地、水、火、风、空。“受”是感觉，我们每天气候冷热，舒服不舒服，思想感情等都是。“想”就是思想，知觉。

“行”呢？就不知道了，不是行为，是宇宙间有个动力，生命的背后有一个动力，电能一样永远在发动。这个生命，这个发动的动力在哪里你找不到，找到了才叫做修行。我们的身体为什么会衰老生病？为什么会痛苦？为什么有情感？这个“行”，它的动力、动能是什么？是唯物还是唯心？

“识”呢？勉强的解释是精神方面，佛学把生理、心理，整个人的身心两方面合起来叫“五阴”，也叫“五蕴”。“蕴”就是包含在内的，像那个电能的电场一样，那个能源你看不见，电能这个能是什么你不知道。嘴里都会讲能量，能量是什么东西你看见了吗？现在科学发达，谁能够找出来宇宙最初的能源是什么？找得到吗？所以这个第八的五阴炽盛苦，很不容易懂。

佛说我们每天受生理、心理的煎熬，自己在受罪，所以叫八苦。这个八苦，大家讲佛学就讲过去了；如果现代聪明的年轻人，拿八苦的观念，换一个文字语言写文章，写小说，写散文，写理论，可以写出来很多好东西。佛把这个叫“苦谛”。这个世界的生命，以消极的角度来看，整个是苦的，所以生命是很痛苦地活着。因此我经常给你们说人生三句话——“莫名其妙的生来，无可奈何的活着，不知所以然的死掉。”这个生命是五阴炽盛苦，佛说得这样彻底。这三句笑话，大家听了哈哈一笑，觉得我的话好笑，我看到他们好笑觉得更好笑。意思是说，你笑，你懂了吗？笑个什么东西！当时大家闲谈，不好骂人。换句话说，这三句话是在骂人耶！你生不知所从来，死不知所从去，白活了一辈子。

佛说了四谛因缘，第一步是消极地看人生。其实每个宗教都是这样看法，佛讲得最彻底。但是这个苦，普通讲佛学只讲到八个苦，他在别的经典上说到十个苦。总而言之，活在这个世界太痛苦，太吃力，太难受。不过，苦不是灰心哦，不是消极哦，而是告诉人们，我们人有本事、有智慧、有能力，跳出这个苦海，这就要学佛了；你不要被苦打下去，被打下去就不是大丈夫，不是英雄。所以佛称为大雄，大英雄打破这个苦的牢笼，跳出来，这叫做跳出三界外，不在五行中。所以庙子的大殿叫大雄宝殿。能征服天下做皇帝、统治全世界的人，不算英雄，你能够跳出生死吗？跳出物理世界痛苦的拘束吗？唯有佛才是大雄、大力、大慈悲啊，他跳出来了。刚才我讲四谛三转，这是第一转了。

求解脱——二转

这一切苦从哪里来？苦是果哦，这个果是从因来的，原因是“集”来的。集是集中，抓来的，你自己集进来的。集是苦的因，苦是集的果。所以我们打起坐来为什么空不掉？顺便讲科学给你们听，我们的生命像一个磁铁一样，在这里你觉得在修行，两腿一盘打坐很舒服，等一下这里不对，那里不对，你那个心一静了以后，磁铁一样把宇宙的一切能量痛苦集中在你身上。然后想起来，我的老公对我不好，我的儿子对我不对，我的那个生意怎么办？都在集。集就像一个磁铁一样，把一切不应该的都吸进来。

你们在打坐，以为自己是在修道，其实是在集中一切痛苦到身上！所以叫你放下，你放得下吗？放不下啊。这个身体不打坐还好，一打起坐来，这里不对，那里不对，都是在集。你这就晓得这个身体是个磁场，它把一切都集中了，越讲放下越集中，如磁石吸铁。佛经一句话，集是苦的因，苦是集的果。昨晚有人跟我讲，全身难过。唉！不理它就舒服一点了。是啊，你不去集，自然就轻松了。这是哲学，是学理也是科学，要实验。

苦集下面是灭道，要灭除一切痛苦，跳出痛苦的范围，跳出物理世界，只有得道才做得到。道是灭的因，灭是道的果。涅槃就是寂灭，一切都休息，解脱了就得涅槃。只有得道，智慧上大彻大悟，修证到了，所以道是进入寂灭的因。灭是灭除了一切痛苦，梵文叫涅槃，中文叫做寂灭。这个涅槃寂净的极乐世界，怎么才能达到呢？不是菩萨上帝给你的，是要你自己做到的。道，只有智慧悟到了才算。道是寂灭的因，寂灭是修道成道的果，所以叫苦集灭道。

所以三转四谛法轮，我问一般的学佛大家，他就哑口无言了。佛经上说的三转四谛法轮是怎么转？我今年九十了，从二十几岁研究佛学，当年问了许多的人，大家答复不出来我这个问题。我自己怎么答复呢？我是找佛答复的，现在我跟你们讲起来很轻松，我是痛苦了几十年的。后来回过头发现佛经上都有了，都讲了，自己就是笨蛋不懂。

其实你懂了这个道理，现在放下坐在这里就很舒服了，何必用功啊！如果说不用功，这个才是大用功，一切放下就是了。连自己的身体都不要，都丢掉了。这里难过，那里腰酸背痛，根本理都不理，你去集中它干什么呢？越集越痛苦，你越想办法对付它，修理它，越麻烦。该死就死嘛，它是物理、物质的东西，要坏就走吧。换句话说，我讲的“去你妈的”，滚吧！你该死就死吧。有一个同学，有一次忘了什么事，我说我传你一个最好的咒子，“去你妈的”。后来这个同学告诉我，哎呀！老师，你这个咒子真有用，当我最痛苦时，我就想起“去你妈的”，就好了。不集嘛！这是二转了。

十二因缘——三转

第三转四谛法轮，转出了十二个因缘，这是科学，是大哲学了。十二因缘你透彻了，你修行了，你得定了，你成道了。这一个圆圈先记住，不要靠笔记，我背给你们听。“无明缘行，行缘识，识缘名色，名色缘六入”，这两个地方特别注意，大关键。“六入缘触，触缘受”，你感觉空气好不好，冷啊、热啊，这就是触、受，跟物理世界有关。

昨天讲到触是什么，瑜珈叫做相应，就是交感。一触就有交感，心理上就是舒服不舒服。触跟受，你打起坐来腿对不对，一触就有感受，按摩就感受按摩的舒服。受，男女两个爱得要命，什么叫爱情？我说那是荷尔蒙在作怪，那一点荷尔蒙消耗掉就没有了，算什么爱啊。这是贪爱，因爱就抓，就是集，拼命要抓来，爱钱、爱名、爱利、爱虚荣，有爱就取，有取就有现有的世界。存在哲学来了，“我思故我在”，有我思想就来了，就有了。天下的有抓得住吗？苦集灭道耶！有就是现在的生命，有就缘生，现在的生命必然要老死，一定老，老了一定死，这是十二个因缘。

死了以后呢？生命还存在不存在？西方其他的宗教，死后善人升天堂，恶人下地狱，这是一般的宗教。佛说不是的，死了以后还会再来受报。死后一片无明，莫名其妙，黑茫茫的，什么都不知道，又来投胎了。像昨天睡觉一样，睡着的时候什么都不知道，一片无明，脑筋也不清楚，什么都不清楚，糊里糊涂。无明也不错啊，没有痛苦，也没有烦恼，大昏沉，不错啊！所以外道入了无想定，入到无明境界，什么都没有，等于睡了六个钟头，什么痛苦快乐都没有，无明！一醒了又行，动力又来了，无明缘行，十二个因缘先背一下。刚才我讲过，为什么讲到这里？是要讲真正生死问题，怎么了生死，修行做工夫，所以先要把这个基本弄好。

“无明爱取三烦恼”，无明、爱、取三种属于根本烦恼。随烦恼、小烦恼、大烦恼都是这样来的。我们自己莫名其妙被自己支配了，莫名其妙支配自己，一切是爱，爱世界、爱名、爱利、爱什么，拼命去抓，这三种是根本烦恼。这是把十二因缘解剖开来讲的。

“行有二支属业道”，十二因缘有个“行”，有个“有”，行是什么？是生命一股动力你停不了它。譬如我们睡着了，心脏照样在跳耶，你的呼吸照样往来，血液照样流动。生命活着永远有一个行阴，像那个电能一样，像太阳月亮永远在太空里转动，这个是行阴，你要把握住这个。所以修行修行，要认识这个东西。行就是现实的世界，物理世界有个动力在后面走，这个动力究竟是精神的还是物理的？现在大科学来了，像量子力学，你们这里有学物理学的吗？某博士讲一讲。这个波跟粒的关系都是行阴，量子力学有波长，有粒子。要不要补充两句？

博士：最新的量子力学有那个“夸克”，就是靠近这个波的时候，里面波会变动的。

南师：双轨的透过来就是我们今天的信息、电视等等。

某同学：我补充一点。光子、电子有时会体现粒子的状态，有时会体现波的状态。同一种物质，它有的时候是粒子，有的时候是波，以不同的形式表现，所以有一个名词叫“波粒二相性”。

南师：波透过这里，粒子就集中了，就显现这个现象了。就是能量作用，也就是波粒二相性。两个现象综合起来才有今天这些精密科技的发明。我借用量子力学是为什么？是说这个宇宙的一切，现在已经了解到这个程度了，才有今天的精密科技。现在科学还没有到家哦！学佛是要了解这个“行”。你以为佛学是空洞的吗？它是大物理科学啊。所以“行”就构成了今天精密的科技世界，一切皆有，不是没有。

所以十二因缘，佛说的“行”跟“有”这两个部分合拢来，就是我们讲造业。这个造业，基督教讲是上帝造的，或者说是命运使我们这样。其实也不是命运，也不是上帝，没有一个主宰的，都是自己抓来的。“行有二支属业道”，造业就是这个业，佛学这个“业”包括善业、恶业、不善不恶的业三种。不善不恶是中性的，修行造业造的是道业，成佛也是造业啊，造成佛的业，地狱众生造了地狱的业。后面有一个动能是业道，所以量子力学还不究竟，行有二支在十二因缘属于业道。十二个，讲了五个了对不对？“无明、爱、取”三个是烦恼根本，心理的。“行、有”二者是物理的，也是心理的，后面的是业，这个叫业道。

然后剩下来七个。从无明缘行、行缘识，从识起名色、六入、触、受，到了生、老死，这七个综合起来是苦报。这几句话是中国佛学把它综合的，非常高明。我们生命的痛苦是这样来的，这是大科学。你们把十二支好好学喔！将来你们讲政治学、管理学、物理学，你把它用上去，那高明得不得了。世界上的学问是一样的，你看政治上许多农村经济出了毛病，你从十二因缘给它一套，马上看出来这个经济政策发展是多么大的痛苦，也就看见好坏了。这是大学问耶！

现在告诉你的是第三转。每一点都是大科学，认知科学与生命科学。

第三堂

因缘 因果

十二时辰与十二因缘

最重要的两个缘

三种相 三种识

流注的功能决定生死

刚才讲到第三转四谛法轮的十二因缘。千万要记住，因为佛的一切大小乘的经论，一切修行方法，都是从十二因缘大原则出来；八万四千法门也跳不出这个圈圈。所以你看《大般若经》、《金刚经》要破根本一切无明，如何破它？刚才叫你们背的偈子，是佛学家、大师们把十二因缘归纳起来的，非常好。

无明爱取三烦恼　行有二支属业道
从识至受并生死　七支同名一苦报

后来黑板上附带写的“无明行识名色六入，触受爱取有生死”，是古道师在佛学院听来的，这两句话不好，只是帮助记忆十二因缘的名称，意义没有上面古人那个偈子好。譬如“触受爱取有生死”，“有”是一支，“生”是一支，“老死”是一支，结果变成了“有生死”，好像其他的没有生死，在文字上就会误导，差就差在这里。这是讲写文章。

第一个偈子是对的，尤其你们年轻办佛学院的，这些要搞清楚。不然一听好像都对，其实都不对。这就是老师的重要了，师道，就晓得取舍，把对与不对告诉学生，所以说写文章不可使人走上误解的路。

因缘 因果

我们这里研究是书院的办法，同学师生之间彼此讨论研究。十二因缘的重点在哪里？就是无明缘行中间这个“缘”哦，因是因，缘是缘。因果是讲大原则，有因一定有果。不过这个因果有个大讨论，譬如龙树菩萨后来写《中论》，表面上看到他把因果都推翻了，都是空的，实际上有因果哦。

当年我在峨嵋山闭关下来到成都，一班大和尚，有八九个，都是同虚云老和尚那样威风的大老，在文殊院请我吃饭，就提佛法的因果问题。讲到禅宗百丈野狐禅的公案，说法一字之差，五百年野狐身。然后一个老和尚问，究竟成佛跳出了因果没有？我说当然还在因果之内，因果无所谓跳出，也没有出，也没有入，即空即有，证得菩提是因，进入寂灭是果，因果历然，很清楚。

因果是一个大原则，因果的作用是因缘，所以这个因缘，中国这个“缘”字特别好，佛经中文这个翻译不得了的好。缘是攀缘，一个连锁一个的关系。比如说这是某某人的老三，他上面一定有老大老二。如果这是老四，上面一定还有三个。它一个一个连锁来的。

刚才讲到量子力学，量里头有波长，那个波动里头就有粒子，那个粒子就是缘，那个波就是因。而这个粒子，它不会永远是粒子，它会变成波，变成因，之后又变成粒子，都是因缘连锁的关系。佛学讲因缘是一切有，也是物理世界中一切都有因缘，那么因缘的本身有东西吗？没有，是空的。等于现在讲量子力学波跟粒的关系，波跟粒两个最后的动能是什么？不知道。

因缘的道理非常地深，所以无明起来一定缘行。譬如你累了，夜里需要睡眠，睡了之后下一个是什么？一定醒，假如睡是无明，醒来是行，无明缘行对不对？这很明显的嘛，睡好了一定醒来，你睡一万年也会醒。刚刚一醒那个就是行，你不知道怎么醒的。无明缘行，行缘识。醒了以后就有思想了，行接着就有识了，那个心意识起作用了，很清楚。思想一来就有身体的感觉。识缘名色。名色就是身体的感觉，名是精神的意识，色就是身体，色是地、水、火、风、空五大，是物理的，物质的。

我就拿睡眠来给你们讲，你要这样去研究体会，不是讲理论。换句话说，你打坐入定，入到一念不生无明定，也会出定。出定一定缘行，接着心识作用就起来了。

所以这个意识一醒了，你就感觉有身体。比如说有一个受阴境界，非常好体会的，你们诸位一定有经验。当你十几岁的时候，天气不冷不热，很不想去上课，懒洋洋地睡在那里好舒服啊！可是这个身体呢？有没有感觉？只觉得身体软软的，那个是名色的作用。马上就更清醒了，名色就是身体起了作用。名色缘六入，哪六入？色、声、香、味、触、法这六种，哗！就进来了。你一睡醒以后，慢慢感觉自己有身体了，马上去枕边拿手机，打个电话给朋友吧。色声香味触都来了。

触，起来活动了，触就有受，就有感觉了嘛。白天忙了十个钟头、二十个钟头，吃饭、应酬、做事情，都在感受中。然后是爱，就喜欢了，喜欢做的事情拼命去做。爱就取，抓得很牢。取就缘有，一个连锁一个来。这个一动，下面是什么，你自己看得很清楚。爱缘取，取就有，家庭啊，父母、妻子啊，名誉、财产啊，就是现有的人生。活着下一步一定有老，老就有死，死了以后等于又睡觉，又无明去了。明天早晨怎么醒的？不知道。所以我说你们参禅，了生死，看看晚上自己怎么睡着的，早晨怎么醒来，这一夜中间这一段完全无明，你搞不清楚。

佛说这每一个动作，过程都是无主宰的，没有一个人给你做主的，也不是上帝，也不是鬼，也不是神，也不是阎王，也不是菩萨；非自然，不是空洞自然而来的，它有物理的作用，有科学性的。因为无主宰，非自然，所以叫缘起，缘生，因缘所生；性空，它的本性体空，没有实在的东西，也叫性空缘起。所以佛有个偈子："因缘所生法，我说即是空。"一切皆是缘生性空，性空缘起。

十二时辰与十二因缘

印度的释迦牟尼佛，跟中国的老子、孔子，差不多都在同一个时代。十二因缘，其实跟中国文化的十二地支

（子丑寅卯辰巳午未申酉戌亥）是一个道理。这个物理世界的转法，与这十二个轮转次序是一样的。这个十二因缘，同我们太阳系十二个时辰连在一起，产生药师佛的修法。密宗的时轮金刚修法也是用这个。所以药师佛前面有十二神将，管十二时辰，十二因缘的一步一步的修法。这个不再深入跟你们讲了，你们学佛连显教都没有学通，更不要谈密教了，所以不跟你们讲。因为讲这十二因缘的重要同生死的关系，才连带顺便讲了一点。

最重要的两个缘

我刚才讲，平常给你们讲笑话，人生是“莫名其妙的生来”，一片无明来的，“无可奈何的活着”，十二个轮盘永远在转，最后又老死，回到无明，“不知所以然的死去”了。学佛的人就不甘愿，要打破这个无明，弄清楚它究竟是怎么来的。破了无明叫大彻大悟，阿耨多罗三藐三菩提，开悟了。无明没有打开，都是白搞的。那么十二因缘同刚才讲的第三转法轮，中国佛学把它归成一个偈子：“无明爱取三烦恼，行有二支属业道。从识至受并生死，七支同名一苦报。”都说过了，把十二个因缘归到四谛。后面佛分析出来，一步一步做科学的心理分析及物理的分析。

我们下午为什么讲这个呢？因为同生死来去有关系。所以佛法传到中国，讲到如何修行成佛，最初的翻译都是讲如何用功，像《修行道地经》、《达摩禅经》。尤其《修行道地经》特别告诉你，学佛不管出家在家，如何跳出三界外，不在五行中，首先要了解生死的道理，再来谈修行。南北朝、隋唐以后学佛，专讲大话，讲大的佛学，修行基本道理都不行，所以修行人越来越少。修行道理原始是从三转四谛法轮，十二因缘生死的道理这里来的。现在我们了解了“行有二支属业道”，最重要的是行、有这二样。

我们生命从入胎以后，怎么会成长为现在的人？怎么样活到几十岁？后面的动能是什么？你说靠营养，靠医药，靠饮食，究竟靠什么呢？其实就是一个“行”，有一个永远的动力在，它永远存在。这是一个大问题了。

讲到这个问题，牵扯到全部佛学。我笑这一百多年来讲唯识的，尽管讲《楞伽经》是唯识学的要典，他们却讲错了，统统没有把握重点，都忘了根本道理，只在名相上转。现在给你们漏一点消息，尤其你们年轻的这一些教授们，更要知道唯识。《楞伽经》讲唯识，佛为什么提出一个阿赖耶识？他否定了世界上一切宗教，什么上帝、神、菩萨、做主的，都没有，而是缘起性空。生命有个根本，这个根本是一片无明，这个无明，照唯识大乘的道理叫阿赖耶识，非常伟大的一片无明，在你没有悟道以前，恢复不了那个光明。

三种相 三种识

在《楞伽经》上，大慧菩萨问佛有关生命是唯心唯识的，是心物一元的本体，这个说法已经脱离了宗教。你翻开《楞伽经》看，那都是大要点、大科学了。这些大菩萨们向佛问，也就是大科学家向祖师爷问。佛说识有三种相：转相、业相、真相。这个生命，万有的宇宙永远在转动，就是这个动能。你懂了这个，我们普通人也可修到成佛，也可修到死亡，也可使它成长，只看你这一转的功能，这是转相。至于业相，就是刚才讲到的行有二支，也就是现象。还有一种是精神意识的真相。

《楞伽经》首先提出与生死关系的识，佛说有几种识呢？三种：真识、业识、分别事识这三种。详细分析就是八识。这还不算，下面告诉你修行很重要的问题。大慧问佛，整个生命的现象，物理世界与个人的生命世界，生、住、灭是怎么来的？这个世界为什么要生出万有的生命，怎么生的？住就是存在，怎么存在呢？这个宇宙万有，世界几千万亿年永远有，人的生命永远转出来，像去年、今年，昨天、今天，一切的一切都会死亡、过去，过去了怎么又来？现在要研究这些现象，都牵涉到科学。

佛答复说，“流注生，相生；流注住，相住；流注灭，相灭”。所以拿现在科学讲量子的波、粒在动，这整个世界是量子在动，这个科学的讲法，完全符合佛的说法。“流注”，像一股瀑流水，电能一样，永远不断地上来，就是行阴，这个是本体的功能。“流注住，相住”，整个万有的现象就显出来了。“流注灭，相灭”，现象就没有了，没有了不是断了哦，又会流注生。

流注的功能决定生死

流注的功能是什么？阿赖耶识。所以阿赖耶识有等流，善、恶、不善不恶，一齐在流动，就是等流，生命的本体是这样。所以修行是如何把这个停住，你打坐得定是“住”，就是把行的功能关掉。这还不是究竟哦，刚才我们这个扩音器，杂音很大，把它一转关掉了，那个杂音没有了。怎么去关掉？这叫“定”，叫“住”。这里头产生的问题很大，我只要有本事把它关掉，“住”了，我就可以把这个肉体生命停留一万年，甚至也可以把它现在毁掉，马上生出来另一个生命。基本上是这样，这叫不可思议的力量了。

所以他说阿赖耶识的功能包括两个最大的作用：一个是等流习气，等流果，基本上没有善恶，也没有不善不恶，而是非善非恶一齐来，有物理世界一齐来的功能。为什么变出我们个别的生命呢？这个叫异熟习气，异熟果，业报来的，同心理行为有关系。所以这么一个大科学问题叫唯识。至于所谓的第六意识、分别心等等，都是小玩意儿。但是有一个大原则，要配合现在科学讲才比较清楚。

那么这个开始怎么来的呢？后果怎么样呢？为什么宇宙会变出来这么一个现象？佛说是“不可思议熏，不可思议变”，一切都在变化。所以你打坐修定，身体比较健康，比较好，这是不可思议熏不可思议变，变出来的。你如果不打坐，不修定，或者那个熏习变坏了，就变得不同了。

了生死的功能也是如此啊！所以先要把这个原理搞清楚。

我们今天开始修行，就靠自己不可思议熏，决心用功要去变它，不是变不了，是要知道变的方法。这是讲小乘的基础道理也就在大乘里头，这是个大科学的问题。

大家听累了吧，休息一下。

第四堂

诸葛亮的名言
儒家的教育宗旨

你们要学修养，儒家也好，道家也好，佛家也好，学禅也好，记住，回去生活都保持这半个钟头的精神，这是真讲学问修养了。儒家的学问“大学之道在明明德，在亲民，在止于至善。知止而后有定，定而后能静，静而后能安，安而后能虑，虑而后能得。物有本末，事有终始，知所先后，则近道矣”。《大学》的第一步，就是教子弟后辈，先学止静的功夫。

诸葛亮的名言

所以我几十年提倡诸葛亮的《诫子书》，诸葛亮不是道家，完全是儒家。他一生的学问精神，就是他那一封给儿子的信。他自己在前方，做宰相带兵，对儿子的教育是一封信。我几十年来讲了多少次！你们有谁完全可以背得出来？

“夫君子之行，静以修身，俭以养德”，求静是修身，现在打坐就是练习学静。“非澹泊无以明志，非宁静无以致远”，就包括儒家、道家、佛家的学问。“夫学须静也”，求学问必须要练习静定，学静的功夫。诸葛亮教训儿子，“才须学也”，人生做人的本事，做生意也好，做官也好，必须要求学问才有才能。他的信、文章都很简单，诸葛亮一辈子那么大的学问，流传千古的只有两篇前后《出师表》。但是大家忘记了，他的信最简要，他这一辈子学问好，事情忙，写信都只有简单明了几句话，其中则有很大的学问。“夫学须静也，才须学也”，才能靠知识学习来的。“非学无以广才”，各种知识，宗教、哲学、科学、商业、经济、金融、社会教育样样学问要懂，否则你的才能广大不了。“非志无以成学”，求学问先要学静定，你们也读到了博士，外国留学回来，心境一点都不静，所以学问不大。我讲你们年轻人，其实已经是中年以上，你们这些大教授、大博士，都是我的老学生，我就骂你们了。对外面人我很客气。现在骂你们这几位老学生“慆慢则不能研精”，注意这一句话，你们几十年懒惰不用功，空话谈得太多，应酬太多，吹牛太大了，懒惰轻慢、我慢，自己认为了不起。“慆慢则不能研精”，注意这个“慆”字、“慢”字，自满了，得少为足，“则不能研精”，没有进步了。

这是我一二十岁背来的，用了一辈子了，我在军校、陆军大学教这些将领时，要他们严格背这一篇才可以带兵。你看一字千金，力量非常大。“险躁则不能理性”，怎么叫险呢？偷巧，听一点认为都懂了，都是冒险、偷巧来的，心浮气躁，不宁静，修养不够。诸葛亮教儿子，不可犯这个“险”字。躁也是不能理性，明心见性的学问你做不到，心性修养也做不好，不能靠冒险偷巧的，要做大事必须照规矩来，不能蹦蹦跳跳地玩聪明，以为学问多了，这都不对。这个"躁"是足字旁，跳起来、虚浮。他对儿子说的都是严重的教育问题、修养问题。

"年与时驰"，他说年龄跟着时间一下就跑掉了，人就老化了；时间像马一样跑过去，光阴把握不住的。"意与日去"，我们人生的意志、志气，跟着年龄而老化，年纪大了，勇气没有了。"遂成枯落"，吩咐儿子好好读书，"遂"就是现在白话"就"，你马上就要老了，像枯叶一样落下去了。"悲叹穷庐"，老了自己再后悔，"将复何及也"，到那个时候啊，走投无路。

唐人的诗"少壮不努力，老大徒伤悲"，就是根据他这个观念来的。我教大学、中央军校、陆军大学时，第一堂课一定要他们背这个，这是中国文化儒家、道家教育的宗旨。我现在还能背出来给你们听，我以为大家叫我老师，你们男女老幼总有一个背得来！想不到全体打零分，很丢人。我的书上多少次提到啊，再背背看，你们都做记录了。

儒家的教育宗旨

诸葛亮是东汉末期的人，他的文章简单、明了、清楚。最后晋兵司马炎的部队打过来，四川亡了。他的儿子诸葛瞻绝不投降，所以一门忠孝。他的孙子也是跟着父亲自杀的，三代忠孝。当然另外留下旁支的小孩，诸葛亮还是有后人的。他的教育是文武双全。

我为什么讲这一段呢？我讲话有逻辑的，为了要讲重要的课，他们准备得不对，今天挨了骂。然后，我说你们现在静坐很好，赞叹你们静坐。这个静坐是干什么？不是说学佛做工夫，这是做人的根本。因为讲静坐，才提出这一篇。你以为我讲话天马行空，这样形容我、恭维我，实际上在骂我，说老师讲话不讲逻辑乱来的。我哪里乱来啊？每一句话题目在哪里，我讲些什么，引用那么多材料给你们听，这个叫逻辑。所以我常常骂你们讲话不清楚，主题就在这里。看到你们静坐坐得好，赞叹你们静坐的重要，连带讲到这里。

一百多年来我们国家教育没有目标，请问中国今天负责教育的人，教育目标是什么？政治意识不是教育目标耶！国家民族整个的教育，十三亿人的后代，民族的精神在哪里啊？什么三民主义、什么主义，那只是一个方法论耶。现在教育变成赚钱了，要自己的孩子考名学校，这是什么教育啊！

诸葛亮这一篇短信《诫子书》，是中国儒家教育目标的浓缩，很清楚啊。开头“夫君子之行，静以修身，俭以养德，非澹泊无以明志，非宁静无以致远”，就是我们国家民族教育的宗旨，教育的方向，教育的目标。先说如何做一个人，再谈事业。诸葛亮的儿子受的是这种教育，战斗打到最后没有办法支撑了，战死为止，绝不投降。这种文武双全忠义之举，就是受这种教育造就的。

你们都说老师的记忆力真好，是记忆力好吗？是苦练出来的啊！当年读书的时候，一个字一句话背不来，夜里都睡不着。哪里像你们那样玩聪明啊！一看就懂了，一问你半个字都出不来；尽管博士拿到，学问没有。

哎呀！对不起！饭吃饱了，有力气好骂人。休息一下，松松腿吧。

第五堂

今天下午讲的课，先说明我现在用的方法，这是书院讲课的方法，不像现在大专学院，规定个时间、题目讲课。书院的教授方法是活的，碰到某个问题，就在那个问题上面来讲了。你们也只晓得书院，没有住过书院，所以不懂。书院是导师制的，是跟某一个师父学的，也等于禅宗祖师的讲学方法。

禅宗的教育方法是没有方法，就是《楞伽经》上说的无门为法门。禅宗形容这个教育方法是“如珠之走盘”，像一颗珠子在盘里滚，周流无所不到，也没有固定的方向。

今天晚上为什么发了讲义，因为我们下午是讲怎么样做工夫，亲自证到生命的究竟。那个是用禅定的方法，为了讲禅定的方法，我就提出来释迦牟尼佛的教育方法，三十七菩提道品、四谛、十二因缘这些学理，再说明这个宇宙怎么形成，人怎么生来怎么死去，从生死边际作用的问题而讲的禅定。

我下午的路线本来照次序一步一步来，今天是第二天，第一天是你们破坏了的，有许多人当天上午才到，还有许多下午到。所以今天等于第一天的开始，可是下午讲到一个问题，我引用了《楞伽经》讲心意识的问题，从小乘一下就转到大乘。吃晚饭的时候有人告诉我，老师啊！你今天讲的《楞伽经》很多人说听不懂。我说，听不懂才是你们嘛！听懂了，那我太高兴了。我说几十年没有一个学生听懂啊！所以你们这些老同学听了惭愧吧！这是第一点。

古道与禅

第二，下午下课以后，古道跟在我旁边，提到十二因缘，一片无明，一下子调起我的兴趣来。他说，哎呀！几十年做工夫，这个无明怎么了啊！这个生死怎么了！他一路跟着我走，一边走我就拍他的背说："古道，这一次厉害了吧？"因为古道提这个问题引起我的兴趣，方向一下转了，转到禅宗里头来。

你们还不清楚古道，我倒蛮清楚他；他是东北朝鲜族的，很好玩的。我常笑他，你们朝鲜族的同胞，常常在中国变成祖师，九华山那个肉身不坏的菩萨是朝鲜族人，好几个禅宗祖师都是朝鲜族人，当然也是我们中华民族的人。古道从小参加部队当兵的，当军人就对武功很有兴趣。我就笑，他们当年年轻看了那部电影《少林寺》，就到少林寺出家，出家干什么？目的不是想学佛成佛！是想学武功。

少林寺是禅宗曹洞宗的系统，这个你们不知道了。古道因为学武功以后走到参禅的路子，到处参禅，然后离开少林寺，一个人到甘肃崆峒山住茅棚。天下这些苦头他都吃过，到处去丛林寻师访道，找好的老师，想参禅成道。吹牛一点形容他是“走遍天下”，由西北到东南。

他也真用心参禅，最近他访问了江西的五大祖庭。我叫他去访问的，因为江西宜春市的市长，宜丰的县长找到宋老板，找到我们。我们还帮忙修他们市里的一条公路，也是为了江西禅宗五个祖庭。现在江西在谣传，说公路是南老师出钱修的。所以我叫古道到各祖庭都去看一下。回来后，我叫他守这里的讲堂，因为他是参禅的。今天他一下子触动我讲起禅宗来，搔到我的痒处了。

顿悟　渐修

你说打坐坐了半天没有得定，想悟道又悟不了，半辈子的光阴过去了。刚才讲到诸葛亮的话“遂成枯落，悲叹穷庐”对不对？“将复何及也”，怎么办？他讲的是重要的问题。譬如我们人睡着了，或者死亡了，这一段一片无明，什么都不知道。如何从无明转到明呢？讲禅宗就不跟你谈打坐了，禅宗明心见性大彻大悟，不一定是打坐来的哦！不从禅定来哦！由打坐到开悟这叫做渐修。南宗的五宗是讲顿悟，不是渐修这个路。

古人比方禅宗如一根竹子里头的虫，这条虫要爬出这个竹子时，是一节咬一个洞，咬了第一节后，爬到第二节再咬一个洞，爬了几十个节才跳出了竹子，这是渐修来的成果。顿悟的禅宗呢？竹子里这一条虫，不是一节一节爬上来，它横的咬个洞出来，就一直爬到顶，这个比方是顿悟。修禅定是渐修，修到大彻大悟，很稳当，工夫一步一个脚印。

修南宗的禅宗呢？就是“横超顿出”四个字，从横的跳出来了叫做顿悟。所以讲禅宗，我不但回来大陆没有讲过，在台湾也很少讲。只有三四十年前，像杨麟他父亲杨管北老一辈子，少数十几个人打七，专门讲禅宗。但都过去了，这几十年我没有动这个。

中国的文化整个衰落了，程度差了，不谈了，准备老死带走，不用棺材，跟着生命就消失了。今天古道触动了我这个，才又提出来。

讲禅宗，先讲个故事给你们听，禅宗临济宗的五祖法演，宋代的大禅师，这是禅宗的公案，不叫故事。儒家叫学案。这两个名词要记得。公案是没有秘密，是公开讲的，记录古人悟道的经历。后来儒家学禅宗叫学案，所以语录啊、学案啊、书记啊，都是禅宗的名词。

小偷和死囚的脱逃

有个人来问五祖演禅师：“师父，学佛开悟，大彻大悟成道，什么是修行的方法啊？”五祖演说没有，禅宗是根据《楞伽经》来的，无门为法门，也就是没有方法的方法。当然这个问的人听了一头雾水，不懂。

五祖演很慈悲，他说我告诉你一个故事吧！禅宗的故事很多的，都是大学问。有个高手的小偷，天下第一偷，他儿子说：“爸爸，你年纪也大了，我也想做小偷，你把偷的本事传给我。”这个小偷就讲，你不要走这条路了，好好做个人，不要学这个。这个儿子一定要学，小偷说：你真要学吗？下了决心？儿子说下了决心。“好！晚上跟我来。”这个老小偷带着儿子去偷一个富贵人家，高深大院里头进去了。

进去以后打开人家秘密的仓库，仓库里头有个木头的柜子，一把锁锁着。这个小偷进来就把柜子打开，里头都是金银珠宝。他叫儿子进去，当然夜里不讲话，比一下手势。这个儿子一进去，小偷就把柜子关上锁起来，然后大叫“有小偷喔”！这一下全家都起来了，不得了，小偷在哪里啊？一家子夜里起来捉贼，发现仓库门开了，那个重要的柜子还锁住的，没有事啊。

这个儿子锁在柜子里，现在不是偷东西，是要逃命啊！这个儿子恨自己的父亲害他。哦！忽然想到学老鼠叫，学老鼠在柜子里爬。吱、吱、吱，手指头在木头上面抓。家里的人听到了，不得了，珠宝柜里有老鼠，赶快点个蜡烛，把锁打开，那个小偷儿子“呼”一吹，把蜡烛吹熄就跑了。

逃回家里，看见父亲躺在床上睡觉说：“你回来啦？你怎么回来的？”儿子说：“哎呀！你怎么搞的？把我锁在柜子里头，没有办法，只好学老鼠叫，他们打开柜子，我把他们的蜡烛吹灭就拼命地跑了。”老小偷说：“好了，你本事都学会了，做小偷没有一定的方法，能逃走就行了。”

所以你学禅，你怎么开悟？没有方法，随便你怎么开悟都行，这就是禅宗。可是你怎么学啊？所以我说我一辈子没有讲过禅宗。

还有个公案，同样的道理，关于学佛怎么样叫做大彻大悟成道。有两个人坐牢，都是判死刑的，想逃出这个牢狱。其中一个想办法拿个钻子，慢慢打地洞，慢慢挖了很多年，从洞里逃出了牢狱。佛说的，我们这个三界如牢狱，我们整个世界的人，就关在这个牢狱里头，成佛就是跳出了世界这个牢狱。这个打地洞的，用了多年工夫挖、挖、挖，结果逃了出来，这是小乘的，个人跳出了生死的牢笼了。

另外一个死刑犯，看他挖地洞逃出去，就笑他没出息，自己在牢里跟管牢的人变成好朋友，常常弄些好酒好肉来请这个管牢的人。我们普通叫牢头，法律的名称叫典狱长。多年下来，典狱长什么都相信他，有时候把这整个牢里的钥匙都交给他管，等于死刑的犯人变成副典狱长一样。他也管管又还给他。过了一阵子，有一天，这个死刑犯又请这个牢头大吃大喝，喝醉了。典狱长说，“我醉了，今天夜里你管吧”，把全牢的钥匙都交给他，喝得醉醺醺的，把领章、阶级、军服都拿了下来去睡觉了。这个坐牢的人，就把自己的衣服脱了，穿了他的衣服，带上领章，拿上钥匙把整个牢狱都打开，自己出来了，把所有的人也都放掉了，这就是大乘的菩萨。所以禅宗没有一定的方法，你看学禅宗跟你讲这些，你怎么开悟啊？

说夹山

古道讲听了下午的课，问这个一念无明，怎么样打破。你不是参了洞山吗？所以我叫你印出来洛甫见夹山这一段公案。洛甫是临济的弟子，这一个公案太长了，我先讲重点，你们去研究，不懂明天再问我。因为古道参禅的问题，我就说一下夹山悟道的公案。有人跟我认识是走这个路线来的。他参禅学禅宗，当时到上海来见我，打坐坐得很好，我就给他讲上海的禅宗祖师公案，就是华亭船子禅师。上海有个地区叫华亭镇，是湖泊填出来的。当年这个祖师是在华亭划渡船的。

这一段公案很精彩，我跟他讲了这个故事，他就在我前面打坐。我说夹山禅师当年没有悟道以前，是个大法师，坐在上面讲经说法。有人问夹山，如何是法身？

悟道成佛了就具备有三身，法身、报身、化身。法身是我们肉体生命以外的一个不生不死的生命。我们现在这个身体是报身，一切众生的子子孙孙，都是一切众生的化身。

当时有人问夹山，如何是法身？夹山祖师答话，就是禅宗讲法了，不像我这样的啰唆。他说“法身无相”。那人又问，如何是法眼？夹山禅师就说“法眼无瑕”。这是上千人一起公开地对话、讨论、问问题；这个法师回答是一流的。下面有个和尚叫道吾禅师，坐在最后的位置听课，他是开悟得道了，故意来教化这个法师的。他听了在后面扑哧一笑。夹山这位大法师坐在上面，看到有一个和尚在下面笑，赶快下座到这个和尚前面来说，师父啊，我的讲法错了吗？认识错了吗？就是认知的问题。道吾说：道理对，你工夫没有到，可惜没有好老师。

夹山是大法师，学问也好，受不了了。“师父啊，那请你指点我。”“不行，我不是你的老师。”“那天下的名师在哪里呢？”他说有啊，有一个好老师，此人“上无片瓦，下无立锥”。只这样讲，你要找这个老师，你找不到的。你看唐宋的知识文化，这两句话就是没有一栋房子，没有一片土地，这个家伙住在船上。夹山禅师一听，“啊，师父带我去见他！”见他就要跑上海去了。夹山是在湖南耶！那个时候走路要几个月去找名师。这一段你们自己去研究，我简化了。

后来夹山见到船子禅师，对话妙不可言，都是最高深的哲学、科学与文学。然后夹山禅师又问问题，船子和尚拿船桨一下就把他打下水去了。夹山是个大法师耶，那还得了啊，大教授被他打下水去了，头刚刚一出来，船子和尚说“你说”。等他一开口，又一桨把他按下水去了，一共三次之多。最后一次按下水去，他头一出来，“你说，懂了没有？”点头了。就把他捞上来了。

还有一个人也是这样参禅用功，打下水，然后问他，你懂了没有？那个头刚刚出来，又三次按下去，那个水喝得差不多昏头了，问他，你悟了没有？悟了。悟个什么？

“伸足就在缩足里”，这个脚要伸开就在缩脚里头。

这是夹山，我简单地讲，不是全盘的，全盘的精彩得很。所以你讲禅宗的教育，演电影也演不出来啊，这是中国的文化，古代的精华。夹山开悟以后，大禅师全国知名，再出来讲经说法，有人又出来问，师父啊，如何是法身？“法身无相”。如何是法眼？“法眼无瑕”。还是这两句话。为什么上次讲就错误，这一下就对了？这些详细资料我不谈，你们去研究。

后来夹山有名的一个法语，教你们怎么打坐，怎么样修行，怎么悟道。到上海来见我的这位，在这个上面得了一点好处，进门了。法语怎么讲呢？“目前无法，意在目前，不是目前法，非耳目之所到。”你们现在打坐，参这个境界看，当时我跟他讲，夹山后来的法语最精彩了，打坐得定、慧都在当中。“目前无法”，眼睛前面没有东西，什么都没有，一切皆空了。“意在目前”，你说一切皆空了，意在目前，等于说第二句又否定了。“不是目前法，非耳目之所到”，非常精彩。我现在讲到他当年来跟我见面，然后得了一点好处，现在不晓得他有没有耳目之所到，还是目前有法、无法，我都没有追问了。

洛甫和夹山

现在不管夹山，这些故事都过去了，再讲洛甫来见夹山的公案。洛甫见夹山问了两句重要的话，洛甫打坐工夫已经很好了，就是没有开悟。就像是黄医师问我，现在怎么老是给气带着走呢？气究竟是什么？我还没有答复他。洛甫当时这些工夫都到的，都超过了。他从北方山东下来到湖南，住在夹山的山顶上不下来，那么傲慢。后来夹山想办法把他引下来，他下来见夹山的时候问答，中间有两句话——“朝阳已升，夜月不现时如何？”天晓了，夜月不现了，白天也是一片无明，晚上也是一片无明。你看夹山答复他的话——“龙衔海珠，游鱼不顾。”洛甫就佩服了，跪下来拜他为师了。这是什么意思？

因为古道送我回到休息的地方，问到“夜半正明”这句话，我听了哈哈大笑，拍了他的背两次，我说你还有点像样，还问“夜半正明”，你夜半还没有明呢？是一片无明。从前有禅师讲“夜半正明，天晓不露”这句，说夜里什么都看不见，一片黑暗无明的时候，自性清净最圆明的那个一片光明，反而因白天有光明看不见了。这是我把他这两句话做文字解释，是不是这个意思你们去参。“夜半正明，天晓不露”时如何啊？工夫见地到这一步境界，你说我们现在夜半正在睡大觉，一片无明。所以一辈子参禅有什么用？公案也不看，光是把一个死的话头“念佛是谁”抱着，你参得通吗？所以唐宋时代的中国文化，到禅这个阶段就到了顶尖了。

那么我们回过来，今天晚上跟你们不是讲这个，重要的是浙江诸暨的洞山良价禅师。

洞山和影子

洞山禅师打坐用功几十年，他在浙江出家，后来到了江西，这些都是当年大英雄人物。洞山是个山名，山水下来形成一条溪水，他过溪水时，太阳照下来，溪水里头有个影子，他看到影子开悟了，写了一首偈子。

你们注意啊，洞山是曹洞宗，你看今天日本，还有全世界禅宗都是在他的教化之下。今天全世界一提禅宗，就说到曹洞宗。洞山悟道的这一首偈子很有名："切忌从他觅，迢迢与我疏。我今独自往，处处得逢渠。"

唐宋的国语是广东话，"渠"就是他。"渠今正是我，我今不是渠"，他正是我，我不是他。"应须恁么会"，唐朝时候的白话，意思是如果你那么理解他，"方得契如如"你差不多懂得佛法了。好！这一首诗你们要记得。

现在我跟你们解释一下，讲到文字我有点傲慢了，尤其是禅宗你更不懂了。先不讲洞山经过溪水，看到影子开悟的，你们读过《庄子》没有？庄子说，人在太阳下走路有个影子，影子外面还有个影子，看到过没有？你们都没有留意。尤其夜里在稻田里走过，你就看得很清楚了。月亮照到我们这个身体，身体有个影子照在稻田上，你的影子外面还有一圈发亮的，庄子叫它魍魉。那个魍魉的光圈问影子：喂！你老兄怎么一辈子没有主张啊，一下子蹲下来，一下又站起来，一下又走路，一下又睡觉，你自己没有主张吗？

那个影子答复魍魉，你不知道啊，我做不了主，我后面还有一个老板做主的。他要走我就走，他要睡我就睡，他要站我就站，他要坐我就坐。可是我这个老板他也做不了主耶，他后面也有个东西，叫他睡就睡，叫他死他就死，叫他走路就走路。《庄子》在几千年以前就讲过这个。你要想，我们的脑子，我们的思想，我们一辈子做事，是第六意识这个思想指挥我，要这样做、这样讲。“我”做不了主啊。“我”其实是“他”耶！这个是宾，客观的，后面有个主观在指挥。你以为那个主观了不起吗？后面还有个董事长耶，那个董事长谁也没有见过，所以这个生命是这样的。

然后你看洞山，他从溪水上面过，看到自己的影子，开悟了。“切忌从他觅”，不要跟他走，我们的情绪、感觉、思想，打起坐来，这里不舒服，那里又气动，这里有感觉，都是跟“他”在跑耶！这不是道啊！戴博士这里难过，跟他（身体）在走。你从“他”那里解决问题，解决不了，是不行的。“迢迢与我疏”，你越顾虑这个身体，就离开越远，你一辈子跟不上，你要找到自己那个灵性，做主的那个东西。“我今独自往”，你超越了这个肉体，超越了物质的环境，“处处得逢渠”，就找到那个真正生命的老板了。

可是现在生命这个身体是不是他变的？是他变的。“渠今正是我”，今天这个身体是我吗？他是我。“我今不是渠”，这个不是我的生命，后面有个老板，这个肉体是虚假的。“应须恁么会”，你要从这个里头去体认，“方得契如如”，差不多懂得佛学了。“切忌从他觅”，如果你跟着感觉知觉在跑，都是跟“他”。所以临济宗讲宾主，这个是客观的不是主观。你那个知道感觉，知道舒服不舒服，那个生命的主体不是在这个上面。这首偈子要好好记得哦。你碰到的都是“他”，都是生理，肉体、物质的作用。他现在这个生命正是我，“我今不是渠”，可是真正的我不是这个身体，不是他。

好！现在回过来，我只好给你们讲禅。你说夜里睡着什么都不知道，一片无明。那一片无明也是他，不是我。我究竟在哪里？“夜半正明，天晓不露”。因为古道参禅参了半辈子，所以今晚送他一堂，这个课程是额外超出来的，详细没有跟你们讲，这里头的珍珠宝贝太多了。

第六堂

普茶 千僧 结缘

洞山禅师的圆寂

天下曹洞宗

普茶　千僧　结缘

昨晚还有今晚，郭总沙弥请诸位普茶，大家请喝好茶，是临时的奖励，这是禅宗里头的规矩。学密宗的更严重，你们只晓得到西藏去学密宗要准备很多钱，先请一千多个和尚普茶，熬酥油茶喝，先结人缘，花费很多哦。等于现在显教五台山打个千僧斋，请一千个和尚吃饭，每个和尚还送一个红包。这个请普茶是结缘，其实也就是轻松一下，请吃点心喝茶，这是传统的习惯。我要跟大家说明一下，这只是个人发心，请大家普茶结个缘吧，是这个道理，此其一。

第二，据说打千僧斋时，释迦牟尼佛弟子宾头卢大阿罗汉每次必到，不过不让你知道。他会变成什么样子？变成大和尚，或者尼姑，或者叫花子，都不一定，有缘的话会见到他。以前庙子上有规矩，过后才会知道，一千个人，不晓得哪一个是大阿罗汉、圣僧。走了以后，会留个影子给你。

密宗里头的请普茶也有这个规矩，算不定他突然来参与，你也不知道是哪一个，就是这样很神秘的。所以两天晚上的普茶，我把旧文化、旧规矩讲给大家听一听，这叫请喝普茶，是“未曾成佛，先结人缘”。刚才沙弥也学会了说：“诸位菩萨，请来普茶。”

你们大家都是菩萨，是因地上的菩萨，有这个资格，有一天成就了都是大菩萨。这就像凡是国民都有当选主席做总统的资格一样，不过看你功德够了没有。所以诸位都是菩萨，看你修持到了没有。

洞山禅师的圆寂

今天晚上忽然讲到禅宗，明天起还是要讲用功方面的啊。今天晚上算我有精神，再给你们补充一下。洞山祖师后来是在湖南江西之间，为曹洞宗的创始人。他过水看到自己的影子大彻大悟。他最后怎么走的啊？我们看看，某同学来报告一下，看你报告得好不好，也考验一下。

某同学：我依文解义乱讲一通，报告不好的地方对不起啊。洞山良价悟本禅师的这一篇，师将圆寂这一段。洞山良价禅师看看因缘，觉得差不多了，他想走了。这个时候在堂上，就是大厅里边，大家平时都上课的，就像我们现在一样，良价禅师就说了，我这一辈子出来弘法，出头露面，留了一个很大的名声在外面，是个累赘。

南师：他说一辈子给大名所累，现在我们通知，我们内部培养师资，将来这些要出去弘法的，你要讲好，不要照文字讲，不要依文解义。

某同学：一般常人都喜欢这个名气，那么洞山禅师要走之前，他很希望下一代接班人出来，能够青出于蓝胜于蓝。自己这个名气已经很大了，他本身觉得是拖累，希望有人替他把名气拿掉，更有人来继承这个事业。所以他说："吾有闲名在世，谁人为吾除得。"大家当时听了之后，就沉默了。过一会儿有个沙弥出来——所谓沙弥是没有受比丘戒的出家人，年龄大小不一定——这个沙弥出来就说："请问大和尚法号。"你叫什么名字啊？他明明是他的徒弟嘛。现在出来问：老师你叫什么名字？

南师：他说名气大嘛，你叫什么名字？

某同学：良价禅师就说，好，你已经把我这个名气除去了，连我的学生都不知道我叫什么名字了。可见是无常的，已经过去了，已经空掉了。然后这个小和尚就问说，老师你这个身体不太好——"和尚违和"就是身体不舒服——那么老师你现在觉得还有一个不病的吗？

南师：你老了，身体不舒服了，还有一个不老、不病、不死的吗？

某同学：良价禅师说，有啊。那么这个小和尚又问了，这个不老、不病、不死的这个东西还看和尚否？它还观照着你吗？良价禅师就说了，现在不是它观照我，是我观照它了。小和尚又问，老师你是怎么观照它的？良价禅师就说，你们虽然看我现在是老了，病了，但是我观照它的时候，我看不到病，也看不到老，也看不到生，也看不到死。

南师：你们如果认为他没有报告清楚，要问他。他报告清楚了吗？

某同学：然后反过来了，良价禅师就问这个小和尚，你们平时都看着我，跟着我，有时候说，看老师一眼心里也舒服。那么现在离了我这个身体，你们什么地方和我相见？《金刚经》说："若以色见我，以音声求我，是人行邪道，不能见如来。"你们平时都觉得这个身体就是我，现在假如我走了，我把这个身体抛掉了，或者换一个身体，假如我变成张三李四了，那个时候你们上什么地方去找我？这个小和尚就答不出来了。这个时候良价禅师就说，"学者恒沙无一悟"，修行人如恒河里的沙子一样，像长江、黄河里的沙子一样，太多了，从古到今修行者，很少有悟道的。"过在寻他舌头路"，就比如说问路，我这个手指这一条路往东走，那么大家都往东这边看；往西走，大家往西看，没有一个凭自己的慧眼。

南师：讲一点佛学就跟佛学走，讲一点工夫就跟工夫走，你要这样讲话嘛。

某同学：反正讲什么跟什么走。就是说老是跟着别人的话在跑，总是被牵着往前走，没有想到反观自照，所以"学者恒沙无一悟，过在寻他舌头路"。大家之所以没有找到自己的路，就是说随时随地都在看别人的方向，看别人的脸色，或者听别人的话啊。佛讲了一《大藏经》，很多了，为什么没有人一看《大藏经》就悟道呢？或者成道了？

南师：一般人都是传一个法给你，死死地守那个法，就不晓得透过这个法看到后面是什么。

某同学：老师在前面一堂课也讲了两个故事，就是一个小偷的故事，还有一个坐牢的故事。这里面都没有法门教给大家，实际上我觉得也教给大家了，路是指出来了，大家自己去打开，自己像虫子一样，钻那个竹子，钻出来就对了，不管用什么办法。下面“欲得忘形泯踪迹，努力殷勤空里步”，大家要离开这些形象的执着，包括这个身体啊、思想啊、种种的学问啊，想抛开这些累赘的话，“努力殷勤空里步”，要向那个无挂碍、无生无死、没有老、没有新旧、没有前后左右、没有古今这个地方去体会。说完这个偈子就叫学生把头发剃一下，然后洗澡换上衣服。“声钟辞众”，叫寺院把钟敲响，告诉大家我要走了。

南师：打钟就是发命令大家都来，向大家告辞，我要走了。大家来了以后，洞山禅师打坐就走了。大家一看师父坐着不动，走了，就叫师父啊，不要走啊。“时大众号恸”，号就是叫起来，大家哭师父啊，师父啊，你慢些走啊，你多留一下啦。“移晷不止”，一个时辰，两个钟头大家都在叫师父啊，你留下来啦，大家跪下来请师父慢一点走。

某同学：大家一直在求师父不要走，可怜可怜我们，我们还没有得道，你千万不要走，你走了整个世间明灯就灭了，不要走，不可以走。这个良价禅师突然眼睛就睁开了，跟大家说，修行人，是真出烦恼家的人。

南师：修行人，出家人，“心不附物”，你们还被生死，被物质牵附着啊，这个心要跳出三界外，还管这个肉体死不死吗？那才是真修行啊！你们哭起来，叫我不死。他就骂人了，“劳生惜死”，把这个肉体认为是真实的生命，那个真正不生不死的，你们不知道。“哀悲何益”，哭叫要我留下来，有什么用啊。好啦，我答应你们，笨蛋！骂大家一批笨蛋。好了，叫厨房办好饮食，请他们吃一餐。“令主事”，管饭食的，办一餐饭给这些笨蛋吃。

某同学：“众犹恋慕不已”，大家不想老师走，就“延七日餐具方备”。

南师：这个厨房的人故意慢慢办，要师父慢一点死，拖拖拉拉地办，“延七日餐具方备”，拖了七天才把这个素斋办好。

某同学：“师亦随众斋毕”，洞山这个老师就随着大众吃了这一餐饭，吃完之后就说，“僧家无事，大率临行之际，勿须喧动”。

南师：他是出家人，已经出家了生死了，没有事情，他说我要走的时候不准伤心哭。大率是大部分，临行是要走的时候，勿须喧动，不要叫，不要闹，不要哭。“遂归丈室”，就回到他自己的房间去，端坐走了。这是唐朝末年的咸通十年，公历公元八六九年。

某同学：良价禅师走的时候是六十三岁，出家戒腊是四十二年，最后给他的谥号是悟本禅师。

南师：这是当时的皇帝给他的封号，叫悟本禅师。这是禅宗的祖师，生死来去自由。

某同学：对不起，报告得不好，耽误大家。

南师：对啊，我要考验他。然后不特别指定哪一个人讲，大家要准备哦。学了半天，不要死守那个文字言句，讲文字要活泼生动，要变成一个活的屏幕出来。他是这样生死来去自由的，这叫修行成道。在古代禅宗的话，临走就现神通了，西藏有些修气脉有成就的，一下子身体就放光，变化一下给你看，然后再见就走了。现在人也不是做不到，是没有人真去修罢了。这就是真修实证，这叫做修禅。

天下曹洞宗

我们本来讲渐修法门，然后由渐修怎么一步一步修持到这里。中间因为讲了四谛、十二因缘的问题，生死来去那个科学性没有谈，由于古道提出禅宗的事，所以插过来这一段。这一段公案大家都有，可以参考，这就是中国的禅宗，也是禅修来的。所以讲洞山良价禅师最后走的情况，当年怎么见影子而悟道，最后说法几十年，名气非常大。

曹洞宗是讲工夫，将修禅定工夫与智慧的悟道配合在一起；临济宗是不大管你工夫，沩山禅师的话——“只贵子见正，不贵子行履”。临济的教育方法，只要你智慧高，开悟了，工夫一定到。子就是你，只问你见解到了没有，不问你工夫到了没有，这是临济的教育方法。曹洞宗呢？工夫跟智慧一起到达。所以现在差不多天下禅堂，一半以上都是走曹洞宗的路线。但是留传下来到现在，像少林寺、江西云居山，都是曹洞宗的系统，只不过也只有形式了。至于有没有工夫到了的人，不知道。但你不要轻视，也许有，只是我没见过。

今天我们偶然碰到机缘，晚上的课程忽然变了一个方向，向这一面走。明天开始还是继续原来的，明天上午找到我讲生死问题的录音带，你们一边练瑜珈，一边先听。我记得每次都讲这个问题，讲的虽简单，重点不一样。你们选一个先听，我们再来讨论。这是明天的工作。

今天辛苦大家两个腿了，对不起！休息吧。

第三日

第一堂

有关生死的书
学佛要找问题
修拙火 谁说的
释迦牟尼教的两大法门
各种定境
出入息发展出的一切

对我来讲，心情的沉重是每次上课都有的感觉。连普通上课也一样，生怕对不起别人，耽误大家的时间、精神，自觉应该有一点贡献给大家，怕自己讲得不好，或者大家没有听懂，或者没有心得，这是很罪过的事。一般人把它当成客气话，那是你错了，这是很诚恳地说哦。换句话说，一个修行人活在这个世界上，随时觉得对不起人，尤其学佛的人，早晚功课都念到“上报四重恩，下济三涂苦”。

上报四重恩：佛恩、父母恩、国家恩、众生恩。所谓国家就是社会，我们生命活着同这四种都有关连，所以要上报四重恩，否则欠的账怎么还？除了父母以外，整个的社会国家对你都有恩惠。下济三涂苦：对于地狱、畜生、饿鬼最苦难的众生，怎么帮助他们。所以我讲学佛这个心情，要真的有这个发心，不是嘴里念的。你们怎么样我不知道，在我是随时觉得难受，一直到八九十岁。有些同学跟我身边久了，常常听到我一句话：“唉！活了八九十岁，活着干吗！有什么用！对这个世界没有贡献，这个生命白活了。”同学跟我久了，听到只好笑一笑，或者不笑，好像变成我的口头语，但是在我的内心不是口头语。

有关生死的书

现在已经过了两天，我随时想，怎样使大家很快得到一种利益，所以我们两天等于浪费了。今天开始讲真的修行，了生死的用功方法。诸位上午有没有听生死问题的录音带？有。不晓得你们听清楚了没有，我一生讲这个问题，应该说是几十次了，每次讲完就后悔，后悔没有交代清楚。譬如最近美国一个老同学姓胡，他在纽约，文章也很好。因为在外国尤其在美国的同学们，看了西藏密宗这一本《西藏生死书》，也叫《中阴救度密法》，有关人死了以后灵魂怎么超度；而且有法国、日本、中国西藏合拍的一部电影，死后灵魂怎么离开身体，怎么样投胎。我都看了，看了就笑，这一批唯物论者，灵魂你是看不见的，怎么还会有一个婴儿出来？怎么去投胎？他们也发现了问题。

西藏密宗的生死书不是完全不对哦，也对哦！那是根据佛法来的。说人死后七七四十九天当中，第一天出现了多少菩萨，多少凶神恶煞，在西方也流行了，在美国更流行。所以美国人拼命研究生命科学、认知科学，因为同这些有关系。这些人最后发现问题了，跑来找我问对不对？我说：没有对。

佛学不是那么讲的，我不是随便讲，是根据佛经。先不讲一切众生，就说世界上有六十亿人口，死了以后，七七四十九天，第七天出来哪些菩萨？第二个七天出来哪些菩萨？但是有些人信上帝的，有些人没有信仰的，也会出来那些菩萨吗？佛是救度一切众生啊！所以佛不是这样说的。他们听了说：对啊、对啊，就是这个问题问你啊。

我说几十年前在西藏、成都，也知道《中阴救度密法》，这些书都看了，笑一笑放在一边了。我在四五十年前写的第一本书《禅海蠡测》，有关生死问题，已经说了。中阴七七四十九天变化，不一定看到菩萨哦，也不一定看到凶神恶鬼哦！所以胡君很着急，跑来两趟，然后又听我讲过一次，觉得这一次讲得比较完备了（编按：二〇〇七年老古已出版，书名《人生的起点和终站》）。他们说一定要中英文出版，不然害死人。我讲我要出的书多了，慢慢来，没有那么多精神和时间。

刚才这一番话是讲你们今天上午听了录音带，我讲得还不完备，但是来不及跟你们再讲。

学佛要找问题

现在回过来讲，我今年八十九岁了，从十二岁起摸这个玩意，为了这个问题学武功，学道，学佛，学禅，学密，一直滚过来，就是找这个问题。你看密宗讲的，那些活佛死的时候，化成一片虹光，身体就不见了。嘿！嘿！我也亲眼看到过，这是个科学问题，暂时不谈，因为问题太大了，先保留这一点。

讲到这个，昨天还有个问题补充，很多有工夫的人，死的时候身体缩得很小，还有些肉身留着不坏的。哎哟，老师啊，有人死了，头发也长了，胡子也出来了。我听了又笑，笑什么？太不懂科学了。这个肉体死了一定会缩的，缩了那个胡子头发根就出来了嘛，这是科学问题，你以为他的胡子头发还会永远长下去吗？现成的科学都不懂。除非这个人，像我们前天讲慧持禅师在树洞里面，记录上说他指甲长得绕满了全身，胡子头发都盖住了。那是因为肉体还活着的。这些都是零碎，只提出一些资料。

学佛，学禅宗，学密宗要注意，要提问题，要怀疑的，要求证的。如果听了就相信，那是宗教，不是佛法。佛法是科学的，要追问的，这个问题究竟怎么样？譬如昨天晚上讲到洞山禅师这个公案，我说洞山禅师怎么死的，你看他生死来去多从容啊。但是《指月录》还有其他的记载，他死了以后这个身体烧化了，还在那里修个坟，佛教不叫坟，叫做塔。昨天讲义上面没有写吧！古道这一次去了洞山那里，碰到当地一个学者，专门研究五宗宗派的祖师，他回来跟我讲，这个人是本地人，每个祖师的坟墓他都找出来。他说十几年找不到洞山祖师的塔，后来找到了，在地底下有一个塔院。古道回来跟我讲，我听了非常佩服。

宋老板在那里做了好事，本来这个区要变成观光区，把这些塔墓都迁开。他看了急死了，给地方首长讲不能这样做，我们后来也叫朋友去协调，所以弄一条路，现在都保留住了。话是那么说，将来时代转变也不知道怎么样。

这是刚才讲到生死问题补充这一点，这和学术、考古有关的。

修拙火 谁说的

现在我们回转来讲生死问题。听了有关中阴这段话，以我学了几十年，为什么最近常常提这两本经典？我学了各宗各派修持的方法，尤其是西藏密宗的第一步修气，第二步是修脉，气跟脉分开哦！第三步修明点，第四步修拙火。中国翻译为什么叫拙火呢？是形容词。拙火也翻成灵能、灵力、灵蛇，一条蛇一样永远在那里睡觉，要修持以后它才起作用。

为什么叫拙火呢？因为生命活着要有温度，这个温度不发起来，冷了就死亡，拙火永远没有发起过，要修持才能发起。明点也是个问题。明点是精，一般人认为是男女交媾排的精，都错了，它同精是有关系，与精气神都有关联。密宗最后修拙火，这是密宗所标榜的“即身成就”，就是肉体的身成佛了。不管红教、白教、花教、黄教，真正进一步修法秘密就在这里。

这个拙火在印度有没有？修瑜珈的也是和修拙火最后一样，真的瑜珈就是这个路线，不是身体瑜珈，动作不算，最后真的瑜珈也是修这几步。这个拙火，过去一班老辈子学佛的告诉我，怀瑾啊，那是骗人的，你去看看唐朝密宗的翻译，哪有拙火这个东西啊！那个时候年轻，我说那不一定吧！那些老辈子说：哎呀，你去查《大藏经》

嘛！最后《大藏经》看完了，我告诉他们，有。那些老辈子就客气起来了，老兄啊，你说《大藏经》有，我们就信了。

在《大藏经》里，拙火叫军荼利。你看中国唐密有军荼利瑜珈，军荼利就是拙火，拙火英文翻成 Kundalini，就是生命的本能。这些我们统统学了，我可以当到诸位讲，我一生学完了这些法门，最后我回过来统统不信。为什么不信呢？因为一切都应该以释迦牟尼佛所说的为标准，他老人家亲口没有讲过这些东西啊，这是后世加上去的。这些东西不但不信，我自己加以修持，Kundalini 也修，什么单修、双修我都亲身去试验。最后回转来，我找本师释迦牟尼佛，他老人家讲了那么多学理，我们所有学佛都上了其他法门的当。

譬如讲到天台宗的判教，又叫分科判教，就是把佛经整个地科学地分类研究，是由天台宗的智者大师开始的。其实在唐朝以前，大师们已经把佛学用科学分类的方法研究整理，然后把所有的佛经分成“五时八教”，这些不跟你们谈了。我们有很多教授在这里，他们都会。然后有华严宗，分成“三时五教”，又同天台宗不同。

这个大家都上当了，我就不吃这一套，你讲了半天，是不是佛当时这样讲的？所以我在峨嵋山三年研究《大藏经》，虽然没有办法直接跟释迦牟尼佛对话，至少有他留传的东西。他老人家当年教大家，那么多修行证果的人，用的什么方法？他没有教人家修气、修脉、修明点、修拙火啊！也没有教人家一定要单修啊，一定双修啊，都没有讲啊。

我初到台湾时，第一次在师范大学讲演，那时在座的几位教授还是学生呢。这里有一个老前辈，陈太太吴女士正在台大读书，她首先参加我在师范大学讲的课，我讲小乘经典。为什么？那个时候几十年前台湾没有这个东西，我第一个出来讲的，偏要讲小乘经典。我讲佛法基本修持在小乘，立刻可以证果的，求证得道。由小乘发展到大乘，禅宗是小乘到大乘很直接的一条路。陈太太现在还在座，所以她有时候对你们笑，心想听课她是最早期的。她当年读台大法律系，但她一辈子也不肯搞法律。她同现在的王院长差不多是同一时期参与听课的。

释迦牟尼教的两大法门

我提出来释迦牟尼佛所教大家的，一辈子只教两个法门最重要：一个是安那般那，出入息；一个是不净观白骨观，重点在白骨观。现在南传的小乘佛教，统统修这两个法门，他们是不承认大乘的，更反对什么密宗、禅宗、华严、天台、净土，认为都是后期的佛学。

佛是教你走呼吸路线修持的，安那般那就是一呼一吸。所以我在前面也提到过，释迦牟尼佛吩咐四个弟子留形住世，永远活在这个世界上，当然我们没有碰到过，是据说。我也相信四个人真的活着；其中宾头卢尊者因为现了神通，犯了佛的规矩，佛就骂他，叫他不要玩神通，罚他留形住世，不准死。所以长寿是留在这个世界上受罪的啊。我常常提醒大家注意，他们四位是以什么方法得以留形住世呢？就是修安那般那。我的研究对与不对你们去求证吧。

回过来看《大藏经》，你们当然没有全部研究过。佛自己在雪山修苦行六年，不吃东西，六年哦！他当时二十几到三十岁。所谓的雪山就是喜马拉雅山。他是尼泊尔人，就在那个山脚下最冷的地方修苦行。六年来每天等于只吃一颗青枣，二三十岁就变成七八十岁的老头一样，骨瘦如柴，六年的苦行求证。

在《律藏》里头讲到他反对修呼吸法，他说自己那时修气功，因为不吃饭，只靠吃气。修这个法门的时候，头痛得很，痛苦极了，头要裂开了，所以他叫弟子们不要修这个。为什么后来又叫弟子们修安那般那呢？这是问题吧？而且在另外一部戒律上也讲到，佛出来说法几十年以后，有两个月闭关，出关以后弟子们问他，在关房里修什么？他说修安那般那。又是呼吸法！这好奇怪啊！他一边叫大家不要乱修，修得很痛苦，一边自己还在修这个，有时休息也修这个。所以我看《大藏经》和你们不同吧！我注意的是修持这一方面。他出家同我们一样，追求的是了生死，这是生命的问题啊，不是光吹牛谈学理的。

各种定境

藏经上讲，有一次佛带领弟子在恒河边上偶然休息。

因为他出门同孔子一样带领弟子们，尤其是印度，有几千人跟着他。印度人是光脚的，一件衣服一披就走了。天气热，到了河边大家休息一下，他也盘腿休息，一下子入定了。出定以后，他看到前面恒河边上都是水，地下搞得乱七八糟，就问徒弟们是怎么回事？徒弟们说，刚才有做生意的马车队经过，所以把地上搞脏乱了。你说他既然入定，又有神通，怎么不知道刚才发生的事呢？却好像睡觉醒来一样。他这个是入的什么定？是昏沉睡眠吗？还是无想，还是休息定呢？定有很多境界啊。

所以前天跟大家提到宋徽宗一句话，“定中消息许谁知”，到底进入哪一种定境？假设佛现在还在，我要请问他老人家，你当时入的是睡眠一样的昏沉？或是六根不起作用的无想定？你当时的环境就是原子弹下来，你也不知道吗？

睡眠、闷绝、无想定、无想天、灭尽定，这个在唯识上讲是五个无心位，研究唯识要知道。睡眠：睡着了是无心位，第六意识思想不起作用了。闷绝：昏过去了，或者是吃了重量的麻醉药而闷绝。另一种是无想定。无想定的结果是生无想天。然后是大阿罗汉的灭尽定。这五种属于无心位，第六意识思想不起作用。普通人哪个人做得到啊！多半是想睡也睡不着。所以道家、密宗有一种修睡眠的方法。

我很喜欢道家的神仙陈抟写的字，“开张天岸马，奇逸人中龙”。我们小的时候，晓得道家陈抟在华山，我们乡下人讲话，“彭祖年高八百岁，陈抟一睡一千年”。修睡眠定也可以到达无心位，可是肉体不能死掉。我还有个小故事，我父亲看书念诗，念得很高兴，我那时候很小，跑到旁边去看，他就告诉我是一个和尚作的诗。我们家乡的这个和尚原是打渔的，一个字都不认识。他忽然不打渔，出家了，专门拜佛。我们那个地方，你们有人去过的知道，大殿地上铺的是四方的石块。他拜佛拜了好几年。拜佛是两个膝盖头、两个手趴在地下，同时额头还在地下轻轻碰一下，所以有五个印子。有一天忽然不拜去睡觉了，一个姿势睡在那里不动好几天。他的师弟跑来告诉师父，师兄恐怕死掉了，这个师父说：你不要吵他，去倒一杯水放在他的屁股上，过三天去看看。三天后去看，一点水都没有出来，可见三天三夜都没有动。他睡了九年，起来就会作诗，会写字，得道开悟了。这个诗是他作的，所以我父亲很高兴，常常拿出来念。

我那个时候九岁还是十岁记不得了，我也很喜欢念这个诗。我还记得有一句写得很妙，“吟回明月满东墙”，这一句我到现在还记得。有一天我也高兴，就写一首诗给我父亲看，我说我也会作诗了。我父亲一看不错，作得好，你偷来的！偷和尚那本诗的句子，东一句，西一句逗出来的。

刚才讲到五无心位，就是讲到释迦牟尼佛有时候入定，也进入无心这个定境啊！现在我们话讲长了，再拉回来，免得时间不够。

出入息发展出的一切

再回头说，原来密宗的修气、修脉、修明点、修拙火，都是安那般那出入息发展出来的一切一切。譬如密宗花教萨迦派有个瑜珈，古道最崇拜这个瑜珈。也是我一个学生，顺便拿一个法本给他，他常带在身上。我说这是萨迦派的，是修心瑜珈的四个要点。你们注意这个，值得参考。这个法门修行四个要点：第一专一瑜珈；第二离戏瑜珈；第三一味瑜珈；第四无修无证，同禅宗一样。

修行第一是专一瑜珈，心念专一，专一以后再打破专一。离戏，什么叫离戏呢？佛说都是戏论，是笑话。落在空是一边，落在有是一边，落在非空非有也是一边，落在即空即有也是一边，这四句都要离开，就是空啊、有啊、即空即有、非空非有都是笑话、空话。离戏瑜珈非空就是有嘛，非有就是空嘛，不是空话吗？即空就是有嘛，即有就是空嘛。这些戏论都离开了，证到空性，心念清净了才做到了第二步。

第三步一味瑜珈，走路、做事，入世、出世，都在这个境界里头，如如不动，所以禅宗叫一行三昧。唐朝不是有个一行禅师吗？《六祖坛经》叫一行三昧，就是一味瑜珈。最后无修无证，成功了，就是昨天洞山祖师悟道的最后一句话“方得契如如”。所以这些发展，所有密法，道家，尤其是道家修神仙的，修长生不老的，一切法门统统都是从安那般那来的，而且与生死有关。

第二堂

大乘小乘与修证的关系

物理最后的空

不同的空

火水风的灾难

善行数变的风

（古道师打板通知上座）这叫打板，他打的花样特别好听。钟板响了进禅堂，在古代就用这两个木头打出很多花样，板响了是下命令，命令大众进来，现在禅堂叫钟板。

刚才讲到萨迦派，古道师还跑上来跟我讲，老师啊，这是噶举派的，不是萨迦派的。他怕我讲错了，怕人家挑剔。所以我很幸运，讲到重要学术的地方，同学们都会注意。我说你不懂，西藏密宗噶举派是白教，是由萨迦派转过来的。密宗一开始是红教，唐朝叫宁玛派，跟着是花教萨迦派，元朝的大宝法王就是。下来是噶举派白教，白教的重点是大手印。最后是黄教，宗喀巴大师创立，不用这些法门了，走中观正见，学止观的路线；“正”就是重点的意思。这些都介绍给你们，每一个东西讲起来内容都很多，不是几天讲得完的。

大乘小乘与修证的关系

现在我们回过来讲释迦牟尼佛，这一讲又讲到教理了。大家都晓得小乘的法门是有为法。大乘所有的方法包括禅宗、密宗，最高的高到无为法。有为、无为，两个观念是借用中国文化老子的观念，最高的道是无为，无为就是空。有为就是有方法有路线可寻的，所以后来中国的佛学，大乘流行了以后，尤其是禅宗各宗各派，天台、华严，都看不起有为法。换句话说，有为是走唯物的路线，特别注重时代因素。无为是走绝对唯心路线的，这是哲学上的一个大问题，也是科学上的大问题。

其实拿整个佛法来讲，有关唯物唯心的问题，棲堂禅师有一首诗说得非常好。这位大禅师，几十年到现在我考证不出来。他是温州人——温州出了两个大师，一个是永嘉大师，成就没有话讲。第二个是诗跟文学最好的棲堂禅师，但是《高僧传》到现在还查不清楚，他的诗我们都很佩服。

棲堂禅师的山居诗有“千丈岩前倚杖藜，有为须极到无为”。有为工夫修到了极点，最后证得空。杖就是手棍，这个手棍靠在前面，修行做工夫先从有为法来，最后证到空性，有为须极是到无为。下面再讲又讲起文学来了，引用他这一句话是说明有为、无为。他讲得很实在，这个话对，我赞成。小乘是有为法，有为法都没有修好，工夫都没有做好，随便谈空，你空得了什么东西啊！

物理最后的空

刚才特别提出来要点，对于现代学术思想，佛学有关的有为法，是小乘的法门，是唯物论者；无为法是绝对唯心论者。你们这几位教授，讲哲学的要搞清楚。但是，一般研究佛学的，这一百多年来，包括日本的，我没有看到一个是对的，我就那么傲慢。大家把有为、无为、唯物、唯心两个分开了，实际上佛法是心物一元论，物跟心是一体的两面，你们要注意哦！《楞伽经》、《楞严经》告诉我们自心自性不生不灭；唯物的东西，四大的本性也是不生不灭的。这个是重点，大家学佛多半没有把这个观念弄清楚。

佛说的四大地水火风，是唯物的，现在物理研究到夸克。我说你们不要慌，还要等，还要发明，夸克最后是什么东西也不知道。最后毕竟是空的，这是佛法的特点。譬如说当代的佛学家欧阳竟无先生的弟子吕秋逸（吕澄），写了一百条理由认为《楞严经》是假的。我看了很生气，很想批驳他，结果我发现已经有人批驳了，我就懒得再说了。至于别人批驳得好不好，不管。

吕澄讲佛学概论，在党校讲的佛学专题，我也看到了。当然我晓得这些研究佛学的，一点工夫都不做的，不求证，这个不去管他。《楞严经》到了最后告诉你，四大，物理世界也是不生不灭的。物理、物质的本身到最后是空的，这个空性是不生不灭的，即空即有，非空非有。

现在科学上的大问题来了，大家没有注意，我常常提出要大家注意。大乘的《圆觉经》、《楞严经》，佛提了“四大性离”这个要点。地水火风是唯物的变化。我常常说，假设到了南北极的最下面，有没有温度？一个科学家答复我，还是有温度。我说对了，它那个能量还是保持的。所以四大里头是这个“能”性离。水跟火不兼容，风跟地不兼容，各管各的，这就是四大性离。四大组合在一起变成物质世界，其实不只是四大，还有空大，这个四大都在空大里头，而四大在这个空里头又是各自独立的，这些互相矛盾的组合变成了物质世界，变成了物理世界。

不同的空

我现在不是讲学理哦，你们对自己身体要搞清楚，我们的身体就是地水火风空组合拢来。地球，这个物理整个组合叫四大，四大性离，平等的。哪个力量最大？没有差别，力量同等的大，同等没有力量，到最后是空，一点力量都没有，四大归之于空。这个空不是没有哦，像我们看到的，宇宙的太空，像现在我们到禅堂外面，眼睛看到的这个虚空，你觉得是空吗？不是空。我们眼睛看到的是地水火风空的一个组合，一个画面，这个不是空耶。这还是有相的世界哦，是有相的空间的空，是物理世界的空，这是地水火风空的空。

所谓空大，譬如我们大家坐在禅堂里，看到前面是空的，错了，你这就不能修行，前面不是空的，里头地水火风都有。所以等你禅定工夫到了，你闭眼看到前面，像电子的走动，现在叫量子的波粒，都在你前面跑动耶。地水火风都在这里转，这个前面不是空，是有的。

但是《金刚经》、《般若经》所讲的空，不是这个空。那是无相的，你看不见的，那要你最高的智慧去体会的，不是这个肉眼所看的。肉眼看的空是有东西的，什么东西？地水火风的组合，这是物理世界，所以要如此懂进去才行。

火水风的灾难

佛告诉我们，这个世界，这个宇宙现在存在几千万亿年了，将来会毁灭的。佛讲到毁灭，有个观念叫“三灾八难”。这个世界是假有的，虽然几千万亿年的存在，也是刹那之间过去了。三灾，大的三灾。注意哦，现在讲到修行了，目前科学家都担心北极南极的冰山慢慢融化，温度越来越高了。所以我也给大家讲，现在世界上的战争，还在文化战、经济战、思想战里头，慢慢会为水而战，全人类水不够用，淡水没有了，因为地球上的温度高，冰山融化了。

讲到地球要毁灭，第一个灾难是火灾起来。佛经记载说，将来火灾来的时候，这个世界上十个太阳一起出来。以当时的科学，因为大家不懂，只好那么讲，就是世界到了要毁灭的时候，温度像十个太阳那么高，火灾起来了。火灾起来整个地球就燃烧了，水也干了。你把它当成神话看也好，实际上是个科学研究，现在一般新的科学就担心这个问题，跟佛学接近了。佛在几千年前讲的话，没有人相信，那个时候的文化没有科学，现在越来越晓得厉害了。

这个火灾烧到什么程度呢？整个喜马拉雅山，整个地球毁坏了，一直烧到太阳月亮系统。拿佛经的形容，烧到了初禅天。不只毁了这个世界，还毁到了外层空间的旁边。外层空间的第一个阶段是初禅天。我们打坐得了初禅，初禅天是在欲界天的顶天，是到色界天的第一步。最近我看交通大学一个学者的研究，还没有到达这个边缘，可是有一点像样了。

所以你要知道，我们打起坐来，有时候腿痛，有时候酸，你还没有得到初禅，没有得定呢！但是已经受不了啦。吕老板说，老师，我一打坐一身都是汗啊。我说恭喜啊！好啊！是那个火力起来把你的汗逼出来了，你发胖就是水太多了，给你蒸发出来，所以会热得受不了。

还有你打坐做工夫，忽然性欲冲动了，那是火灾来了，所以男女性关系叫欲火，也叫淫火。淫欲是一种火，会毁灭这个生命，这是欲界天的火灾来了。所以很多人用功很好，最后男女这一关过不了，讲好听是两方运动火力消了；消了以后精出来了，水大也分散了，还觉得清净，实际上是毁了。所以火灾毁到初禅天，这是第一灾。那中间的来回及时间，佛说得很详细，写出来是大科学的书。我们这些同学们、大教授们，很可惜没有人好好研究科学，没有把佛学向科学的路上带。大家坐在那里讲那些空话，没有用。

火灾以后，宇宙又形成了。第二次的毁灭是水灾，水灾比火灾还严重。宇宙由形成到毁灭有成、住、坏、空四个阶段。“成”就是宇宙的形成；“住”就是宇宙的存在；“坏”就是毁坏；“空”就是消亡了。现在我们人类科学的发展，用能源，自己破坏这个宇宙，越破坏得快，越死亡得快。在人的生命来说，则是生、老、病、死。

第二个劫数水灾，整个的宇宙变成了水，万物都被水冰冻死了。它扩充的范围比火灾还要高，还要大，淹到了二禅天。尽管打坐得定达到二禅天的境界，也逃不过这个水灾的劫数。你看这里的同学朋友们一个个水大都来了，身体的胖或者是血糖高，都是水灾。宇宙物理也是这样，所以第二劫是水灾。其实我们年轻时，喜欢男女饮食，在火灾里头玩；到了中年，就是现在讲的“有贼心无贼胆”，那个贼没有了，水灾来了，你那个性欲冲动不了，被水泡坏了。

水火两个虽然可怕，比起风灾来，还没有那么可怕。当第三劫风灾来时，到第三禅天，大风统统把你吹垮了。佛经形容风灾来的时候，喜马拉雅山被风一吹连影子都没有了，整个地球不知道吹到哪里去了。三禅天这整个宇宙都毁了，这就是三灾。

水火风是三灾，没有空灾，空本来就是空了嘛。这三个灾都在空里头自然地转。空是包含了一切，就是到了物理那个真空的世界，这三样东西起不来了，可是仍然都存在空里头。它一动，四大性离，各有各的作用起来，但那是不生不灭的，即有即空的。我们的身体，现在的生命每天难受，不是牙齿痛就是骨节酸，这里动不了，那里不舒服，不是水灾就是火灾。所以有人生病说中风了，什么叫中风？里头有风，风困在里头转不出来了，神经动不了，不能流动了，就叫中风。中字不是念中央的中，要念“重”，拉弓射箭一样，给风“咻”一下打中了，这个地方出了毛病，中风了。

善行数变的风

所以我叫你们读《黄帝内经》，现在中医不大注意，几千年前我们老祖宗讲风是怎么讲的？《黄帝内经》有句话，说我们身体内部的风，这个气流“善行而数变”，五个字。不懂古文，怎么读中医啊？怎么叫善行？你不要看成善恶的善哦！这个善是形容词。这个风在身体内部是“咻咻”这样转，转得很快，叫善行。身体内部这个气不仅动而且多变，它会变化的。你这个骨节为什么会中风了呢？风碰到那个骨节时，地大这一部分温度不够了，或者骨节疏松，这个气一到这里，咻！打中了，动不了了。风善行而数变，风会变成结块的东西，变成实体的了，所以说有些人身体里长瘤啊、生癌症啊什么的。譬如说有时候打起坐来身体发痒，我就给他吃中药，把风散开。老师啊，你那个药好灵哦，不痒了。为什么痒？因为风在里头动。酸痛也是风在那里作怪，看你用什么药。《黄帝内经》的一句话，现在人的中文不好，怎么去读医书啊！

风就是气，所以佛叫我们修安那般那，修风大，修呼吸气，直接可以达到三禅天的境界，然后配合把念头清净了，就到四禅。四禅是舍念清净，听我们的老师释迦牟尼佛的提倡，叫大家修安那般那，他的学理就在这个地方，这是科学的。安那般那修风大，因为风不容易认得，所以先从你身体上的呼吸讲起，你才会懂得。从这一部分做工夫，很容易入定，也很容易把你的一切病痛转变过来。

譬如你们到了中年，肚子大大的，像山门外的弥勒佛一样。水多了嘛，中年老化胖了。什么叫胖？我们中国字的胖字，问问你们，台湾大陆都一样，都是学现代文化出来的，胖字怎么写啊？你们一定说月字旁边有一个半字。错了，是肉字边。规规矩矩中文字，月亮的月上面一横，下面这一划往上挑就代表这个肉。肉字旁边一个半字，你的肉多出了一半了，肌肉没有都是水了；一看你胖了，就晓得你不健康了。这就是中国字。

中国字改成简体字，所有的文化意义都没有了。所以人家说中国字很妙，一个肉字，肉是个符号耶，狗肉、马肉、猪肉、羊肉、人肉。外文就不能这样用了。所以中国字只用两三千个字，就保留了几千年的文化。

地水火风四大性离，所以佛叫你修安那般那，从修呼吸法入手，把这个生命改变过来，即身成就，也就是用我们肉体的身修持，直接可以跳出来成佛。

第三堂

人的开始

风动了

谁是转世活佛

呼吸 根本依 种子依

呼吸与气

说到八难，常有人说老师啊，你要活一百岁。我说你是叫我受难吗！长寿是八难里的一难啊，一个人活太老了是个灾难啊。我就笑那个同学最近给老人家包围了，被灾难包围了。活老了你以为好受吗？所以人在这个世界活得很辛苦。

你们这些学者的聪明才智也是八难之一，这叫“世智辩聪”，对于世间的知识非常会思辨，会逻辑思考，特别聪明，多生累世变成学问家、哲学家，但是不容易成道。所以学问好有什么用！可是不读书不行哦，没有聪明才智，没有智慧也不行，很难啊。像我们都是三灾八难之人，出生的时候佛已经走了，后面的佛还没有来，中间空当的。所以现在这个社会，家里有老人，后代年轻人就非常痛苦了，那真是个灾难。（八难：一地狱，二饿鬼，三畜生，四长寿天，五边地，六盲聋瘖哑，七世智辩聪，八生在佛前佛后。）

人的开始

刚才讲到风大的重要，我就倒转过来讲，所以上午要你们听录音带，我可以少讲一点，不然要很长的时间讲怎么来投胎。

你们听了生死问题，我现在不多讲，如果没有听清楚再放录音带听，有问题问我。当我们的中阴投胎的时候，是在男女做爱，精虫和卵相遇时。现在医学知道，女性每月只有一两个卵成熟，所以月经期二十八天，中间十几天当中，不晓得哪个时候会排下来。卵排下来，在自己的身体内部停留的时间，你们去问黄医师，他是专家。

男人一次排出的精子，有好几亿那么多，有一个跑在前面，碰到那个卵子就成胎儿了，所以人身难得啊。换句话说，我们这个生命得来，是跟几亿个兄弟姊妹赛跑，总算我们跑到前头来了，碰上那个卵。如果是个坏卵也没有用。佛在几千年前讲，女性的子宫高了不行，歪了不行，偏了不行，太冷不行，太热不行。他讲了好多条件，同现在生理一样。他在几千年以前，就看得那么清楚！

所以三缘和合而生人，一个精虫，一个卵子，两个结合还不能变成人，必须要灵魂加入，这个叫中阴。这个中阴是什么？你们研究唯识的这些同学，这些教理要注意哦！中阴是阿赖耶识的种子变化，是前生的业报带来的。三缘和合变成胎儿。然后佛又说了一本经，给他兄弟讲的《佛说入胎经》，也给弟子们讲过，说生命怎么来的。

风动了

行阴，就是动力在转，转得你昏头昏脑，前生的事什么都忘了。第一个七天有个名称，原文的发音“羯罗蓝”，翻译成中文就是凝滑。就像把牛奶啊、水啊、白糖啊合在一起转成浆糊一样。这个转的力量是什么？佛告诉你风大，就是一股气，生命在这里头转。佛还是讲大概的，没有讲细的科学。如果他老人家生在现在，他一定用最新的科学告诉我们。这个气在里头转七天，这股生命力量的动能在五阴里头叫行阴。你们注意，“行”是动力，究竟属于真空力学，还是属于量子力学，还是属于生命力学，等科学家慢慢去摸吧。

所以修行修行，告诉你这个行就是动力在变化，能量在变化。这个气就是能量，七天一个变化，然后佛告诉我们每七天长了些什么东西。第一条就是背脊骨督脉这里慢慢起来了。当然起来不是骨头，是软的。所以《黄帝内经》说“风善行而数变”，都是这股气变出来的。修气脉讲做工夫，就是背脊骨这个地方，慢慢开始一条上来。成胎后七天一个变化，每七天有一个风的变化，佛给它不同的名称，形容这个能量风力的变化，同宇宙的法则一样。基督教的礼拜就是七天，为什么七天一个周期？像我们现在女性从十几岁第一次月经来，七天一个周期，四七二十八天一个月经的周期。然后扩大一点，七年一个变化。女性以单数七为主；男性是双数八。单数是阳的，女性反而是阳数；双数是阴的，男性反而是阴数。这个里头阴阳变化，太多科学了。

谁是转世活佛

我们有一个同学把《佛为阿难所说入胎经》翻成白话，你们自己去研究。中间有一部分也问过黄医师的。这个胎儿的形成，佛就说是很不容易的；所以说到活佛转生，哪个是转生？我不知道，谁也不知道。

佛说中阴这个灵魂，入胎就迷了，把前面的事情忘了。不要说入胎，我们大家在座的活了几十年，你每一件事情都记得很清楚吗？都记不得。一个月以前的事你都忘了。如果修到记忆力永远不失的，当然入胎不迷；入胎那个剧烈转动的时候没有迷，还在定中，还在打坐，很清楚，这是入胎不迷。如果住胎也不迷，三十八个七天出胎，你非迷不可，要很大的定力才能够不迷。

你看我们活了几十年，年轻读的书，到现在都忘了，都迷掉了；出生的时候更痛苦，还要出胎不迷。三个阶段：入胎不迷，住胎不迷，出胎不迷，这才能说自己是什么人转生来的。随便说这个喇嘛是谁转生的，谁知道啊？我不知道，因为我不是喇嘛也不是活佛。要能真知道，定力就要修到入胎、住胎、出胎都不迷。如果你修到这个工夫的话，你前辈子的学问，这一辈子生来都记得。有人没有？有哦。世界上不是没有哦！天生没有读过的书一看已经知道了，什么知识都知道。这个是生命的科学了。

所以我常常引用“书到今生读已迟”这句话，这一生来求学已经太迟了，都是前生读来的啊，是带来的，这叫种子识入胎。

如果讲众生的生命，那要研究生物学了。猫是几个月怀胎？羊是几个月？好像有个口诀可以背的。人是十个月，另有动物怀胎一两年的。现在我们只讲人道，三十八个七天，九个多月。最后一股风把胎转向了，头倒过来向下，要出胎了。有些生命的业报，他过去造的业，使他住胎就死掉了。有些快要出来就死掉了，有些是刚刚出产门死掉。所以佛说四句话，“人身难得，中土难生”，这个中土不一定是指中国，勉强来讲就是文化中心的地方。“明师难遇”，得道的明师碰不到。“佛法难闻”，生在边地，一辈子闻不到文化，听不到佛法。

我们记住了在胎中三十八个七天，每七天风在转动，直到出胎生下来。这个胎儿在娘胎没有用鼻子呼吸，脐带跟母亲连着，营养都是脐带吸收进来的。那股气就从脐带进来，使胎儿慢慢长大。嘴巴没有牙齿，也没有大便，好像现在的科学证明，有一点排泄物。实际上脏的东西都在嘴巴里头，所以婴儿生下来嘴巴是圆的。生下来脐带一剪断，护士赶快把婴儿嘴里那一坨脏的挖干净。

像我小的时候，我们乡下有个胖胖的接生婆。我们乡下人家，哎呀！赶快把那个接生婆找来吧，要生了。水桶里面煮了开水，剪刀什么的放好。真正生的时候，做妈妈的痛苦，孩子也苦，生老病死苦，两方面都苦，生死问题最痛苦了。佛学把生日叫“母难日”，是母亲受灾难的一天，所以不会请客杀鸡给大家吃，要吃素。自己生命来了，为什么杀别的生命来庆祝呢！这是佛教的观念。

呼吸 根本依 种子依

按照《达摩禅经》，脐带一剪断，婴儿开口“啊”一声出气，鼻子的气立刻进来了。第一次进气以后，开始靠鼻子呼吸了，后天的生命就靠风大一呼一吸来来去去。所以呼气叫般那，吸气叫安那（另有经典说法不同）。安那根据什么？就是发音的开始，婴儿嘴巴里“啊”发音出声，接着鼻子气进来了。所以念阿弥陀佛的“阿”是开口音，就像中国道家讲的“吐故纳新”。呼吸鼻子也好，嘴巴也好，呼出去是碳气，吸进来是氧气，一来一往，生命就在这三寸地方。鼻子通到咽喉，左边咽是气管，右边是食道管，两个是分开的。我们生命是靠这一口气，喉咙这里三寸气不来就死掉了。气出去不进来死掉，进来不呼出去也死掉。生命是那么脆弱、短暂，就在这个呼吸往来之间。

现在你们这些学者们，大家注意。当然这里学者很多，有两个是老同学，所以一讲就是他们。并不是他们两个不对，因为太熟了我老是盯住他们，有些我不熟就不好讲了。

唯识讲生命是因缘所生，在八个识里头，这个呼吸是什么作用知道吗？这叫“根本依”，因缘里头的根本依。一般讲唯识的，你问他什么叫根本依？他会说“那是习气”，他当成理论上的观念了，他不晓得就是这个气来的，这个气叫做根本依。根本依的后面是种子依，就是你的个性了，前生业力的习气所带来那个叫种子依。所以你们要搞清楚，我们活着有这一口气的生命，是因为有根本依在这里的原故。

而这个气呢？表面上看到是身体内部一股气，尤其是鼻子这里很明显；实际上不只鼻子耶，我们十万八千个毛孔都在呼吸。尤其身体外部有九个洞，脸上有七个，下面两个，九个洞都在呼吸。不过呼吸主体的作用在鼻子，像两个烟囱一样在呼吸。

呼吸与气

呼吸是什么东西呢？就是佛学说的生灭法，有生就有灭，有灭就有生，一来一往，也叫如来如去。其实呼吸进来有停留在里面吗？没有，不可能。不停留在里面吗？也不可能。注意《达摩禅经》有秘密告诉我们，大阿罗汉的修行经验，这个一呼一吸叫“长养气”，保养用的，也就是安那般那。

另有两种气，他提出来，没有告诉我们在哪里，是最高的秘密，一个叫做“报身气”。我们这个业报身体，在胎儿里成长这个气，那个时候只有脐带，没有呼吸，那个是报身气，业报之身来的，是一种能量的变动。另一个叫“根本气”，就是说男女那个精虫卵子碰到的时候，有一股力量，那个气是根本气，是个动能，就是行阴，所以一共有三种气。

道家叫根本气为元气，修神仙叫修元气，所以道家的道书上告诉你“先天一炁”，宇宙万物靠这个力量来的。先天一从虚无中来，空到极点，真空的爆破，真空的充实的力量，都是它所发生的。我们活着生命里头就有这三种功能，所以要打坐入定，转变这个身体。

今天下午起跟你们讲的是很重要的，先告诉你学理，再用方法，你就可以上路了。首先要认识气的重点，现在我们呼吸的气，你们看到鼻子呼吸很简单，但是学过瑜珈，学过密宗，学过禅，呼吸都有不同。左边的气同右边的气又不同。如果说我们每天早晨睡醒，试一下呼吸，右鼻很通，左边不大通，身体就有一点问题了。如果再加上呼吸困难，更有问题，自己就知道了。岂止这个，连下面放的屁，都有从左边、右边放出来的不同，你以为放屁那么容易放啊？你自己体会体会，这个生命不是那么简单。此其一。

第二，两鼻孔的气，当工夫真的到得定时，鼻孔这里不呼吸了，但这个鼻子的根根在呼吸，最后来到脑子呼吸，那你差不多了。所以学佛叫止观，得止，很宁静。得定了以后，自己内在的智慧，慢慢地观察内部的身体，就是止观，这都是有为法。道家同密宗可以归纳一句话，叫“内照形躯”四个字。所以中国神仙的丹经《参同契》，也提到内照形躯。当时佛经还没有来，中国已经有了，这个止观叫“内视”，就是反过来观照自己的内在。所以心跟气配合为一，念头思想跟气配合为一，打坐才能真正得定，进入那个定境。

我们普通活了几十年，只晓得白天活着，夜里睡觉，谁来管过自己的思想啊！呼吸也永远在呼吸，可是你没有跟思想配合，心跟气两个不配合，它两条路分开走了。尤其我们在注意一件事的时候，呼吸好像停掉了，拼命注意事情。有时看到一个人，一件事情，哎哟，好可怕，呼吸停掉了。或者一个很高兴的事，哈哈一笑，呼吸也停了。心跟气根本不容易配合的。心气配合为一的时候，你才懂得中医，你才晓得身体十二经脉的变化，以及一切的变化，那时才懂得修行之路。所以对于气的认识很重要。

第四堂

消息 止息 真息 出入息

《修行道地经》的故事

老子也说出入息

修成神仙最多的时代

六妙门的问题

消息 止息 真息 出入息

安那般那，中文简称出入息。那么翻译中文的时候，为什么不翻译成出入气呢？问题就在这里哦。大家研究中国传统文化就要注意了。“息”字哪里来的？我们现在讲话，比如说有没有“消息”，“消息”这两个字出在《易经》。我们用了几千年，不是孔子哦，老祖宗就有了。什么叫“消”？这是科学了，我们一切动作、一切讲话、一切生命都在消，都在放射，消失掉。以科学来讲就是物理的放射作用，放射完了就没有了吗？不是没有，而是“息”，息是成长哦。所以一消一息就是佛学讲的一生一灭。灭不是没有，是另一个生命的开始。

生死也是同样的道理，死亡是另一个生命的开始，另一个生命进入无明的阶段，无明再缘行，另一个生命又开始了。所以我给你们上了一些中文课，就理解进去了，这是修出入息的第一个意义。

第二个意义，一出一入中间很短暂，你分不清楚，中间那个宁静的阶段很快速的。拿机械物理来讲，发动机嘎啦嘎啦在转，你听第一声跟第二声中间有个空当，非常快速的刹那。刚才黄医师讲在胎儿细胞变化时，都在消息，一出一入，一进一出，中间有一刹那的，就是真息。道家有个女神仙，是宋朝开国大元帅曹彬的孙女，出家得道，叫曹文逸仙姑。她有一篇修道的歌，叫做《灵源大道歌》，可以跟永嘉大师的《证道歌》相提并论。中间讲到生命根本的一句话，非常好，“命蒂从来在真息”，这个生命的根蒂在一出一入那个止息的阶段。这个一出一入的真息，就是一切众生的生命所在。

譬如我们农村里出来的，看到种在泥巴里的稻子，被泥巴跟水围着，它的成长，那一下子是真息。在农村的夜里，四五月间稻子成长的时候，半夜三更在稻田边上，听到那个谷子劈里啪啦声音大得不得了。其实不止稻子、麦子，一切植物开花、成长都有声音的，你用超音波来听就听见了。这就是“命蒂从来在真息”，所以我们翻译叫出入息。

《修行道地经》的故事

佛叫你先修出入息，再修到明心见性、证阿罗汉、成佛，连带身体也变化了，叫即身成就，这是秘密。所以我上午告诉大家，像我这一生，不敢说世界上这些统统学过了，但几乎差不多学遍了。回过来一看，原来这许多的法门，都是从佛讲的变出来，大家都给这些花样骗住了，其实就是修出入息。所以最近这几年，我叫你们看三国以后，东西晋这个阶段翻译的佛经，除了《般舟三昧经》、《安般守意经》以外，还有讲修行很重要的一本书《修行道地经》。这是当时最初比较具体的翻译。

可是我当年看《大藏经》的时候，把它忽略过去了，所以后来非常忏悔。因为我们书读多了，有的时候被文字困住。看到他把五阴翻译成色、“痛”、想、行、识，认为是最初期的翻译，翻得不行。后来的翻译是色、“受”、想、行、识。等到六七十年后，再诚心地读，才发现他翻译得对，因为感受都是难过的、痛的。他是印度人，到中国来把佛的修行方法变成中文，“色”容易讲，看得见。“受”是什么呢？一定掐人家一把，感到很痛，所以把感受都翻成痛。感受最大的反应是痛，轻度的反应是痒。

当年看到这个初期的翻译，《修行道地经》把五阴翻成色痛想行识，觉得后面的翻译应该好一点，结果越看后面的翻译越上当。后来正统的翻译就翻成“受”了，其实文字越精练，道理越搞不清楚。因为感受、感觉有三个内涵：“苦受”，痛苦，痛在苦里头；“乐受”，乐就是爽快的爽，快感、乐感，快感是乐感的一种；还有一个中性的，“不苦不乐受”。现在我们坐在禅堂，空气调得差不多，马马虎虎，不苦不乐，很舒服，中性的。其实有没有感受呢？也有。比较偏向于爽的一面，其中心理分析是非常仔细的。

这三个“受”是由感觉连带属于心理的忧喜两种，其实是五种。但是这个“受”也是受报，这一生为什么变成男人？为什么变成女人？为什么有穷的，有富的？为什么人生遭遇不同？都在受报。

老子也说出入息

现在讲到修行出入息，今晚告诉你先认识什么是出入息。这个出入息除了佛说的以外，还有哪个祖师也说过呢？大家还记得吗？考验你们这些大博士大教授们，他们拿了学位是吃亏的，就成为我骂的对象了。是老子说过的。我一提你们想起来了吧！老子说“天地之间，其犹橐籥乎”！实际上籥是笛子，里面空的，气一进来发出声音。风箱也叫橐籥，以前打铁的地方，旁边有个风箱，一拉一抽，唧哺唧哺，那个风就动了，把火吹了起来。老子告诉我们，整个的宇宙空间及生命是一生一灭、一来一去的呼吸关系，“天地之间，其犹橐籥乎”。

修道家，老子也告诉你修呼吸最好，修到“专气致柔，能婴儿乎”。尤其打太极拳，大家都晓得用他这一句话，实际上工夫都没有到。他传你修安那般那出入息的法门，可以成仙，长生不老。专气是修炼这个出入息安那般那。致柔是把一身的细胞、骨头，通通都变化成非常柔软。不管你是否一百岁开始修，只要工夫到了，整个的身体像婴儿一样柔软，就是用这个一出一入的气修成的。

刚生出来的婴儿“啊”一哭，气一出入，在一百天以内，他不哭很静的时候，好像没有呼吸了。婴儿的呼吸在哪里啊？你们这边妈妈们都经历过的啊！婴儿呼吸不在鼻子，在肚子下面丹田，自然动，一进一出，进来出去全身都通的。所以道家叫你守肚脐下面，不过这又着相了；不要去着相，工夫到了自然如此，这些原理先要了解。

我有一个经验告诉你们。我说什么都不可怕，死人我也看过很多，最难看的是睡觉的时候。一百个人睡在一起，有些人龇牙咧嘴的，有些在作梦，那个鼻子、肉啊都在抽动，各种各样。你说一百个美人，把他们的化妆洗掉，统统睡在一起，夜里看了以后，你不修白骨观已经成功了。如果那些女的化了妆，眼睛蓝的，嘴巴红的，牙齿白的，头发染成红的，睡觉时嘴巴张开，口水直流，你不吓住了才怪。

带兵时为了爱护士兵，夜里去视察一两次，我得到了经验。凡是打呼噜、呼吸很粗的，他没有睡好；虽然睡着了，其实脑子在做梦。睡眠真正睡得好时，你会觉得他一点呼吸都没有，一点都听不见，大概有一分钟，那个时候才是真睡着了，这就叫止息。人的脑筋真的宁静到极点，往来的呼吸停止了，那叫止息，是出入息中间那个止息的阶段。刚才引用曹仙姑的一句名言“命蒂从来在真息”，那个时候是生命的根本。

照科学的研究，一个人夜里睡六到八个钟头，其实没有真正在睡，是左右脑分区的在休息，里头还在思想，每个人可以说都有在做梦，可是醒后就忘掉了。研究唯识你就懂了，真正睡着了那一刹那，无梦无想，真正止息，那个睡眠不会超过一刻钟的。所以打坐修定的人，做到身心宁静，止息一刻钟或半个钟头，你一天精神用不完了，那就是真正的充电了。平常睡眠几个钟头有时候没有用哦。

讲到这里又想起来要告诉你们，我们这一次是引用释迦牟尼佛老师讲的，刚才再引用道家祖师爷老子的话，两位老师了。现在我们请出儒家老师孔子，有几句话是与修行有关系的，是讲饮食的。“食谷者愚”：吃面吃饭和青菜吃多了的人，虽然我们的生命靠这个五谷一类，但没有智慧。“食肉者鄙”：吃牛羊肉猪肉的人，比愚还差，是下等的人。所以我们写信给长辈或有学问的人，自己自称“鄙人”，就是这个鄙字，很下等。“食气者寿”：修安那般那修成了，不需要吃饭吃肉及五谷杂粮了。道家要辟谷，避开了，所以辟谷是五谷的谷。“食气者寿”，呼吸修到了止息，就会长命。“不食者神明而不死”，最后不吃五谷，不吃肉，也不靠气，得定了。这是我们的大老师孔夫子告诉我们的。这不在“四书五经”，是在《孔子家语》，给自己子孙儿女讲的话。譬如慧持法师在那个树洞里，入定七百年不吃不喝，也不拉，那是到了不死、到了神明的境界了。（现在版本《孔子家语》不同）

修成神仙最多的时代

这是讲食气者寿，道家非常注意这个，尤其佛所传安那般那的《修行道地经》，是在西晋时翻译过来的。道家讲练气，在东西晋最流行，把佛家跟道家两个方法融合起来，所以那二三百年之间，出的神仙特别多，因为他把这个方法综合了。

所以好多年前，我在海外在台湾，看到大陆流行气功，我又难过又好笑。我说中国文化怎么变成这样！气功有什么了不起啊，大家对“气”是什么东西也不懂。我说中国的文化如果讲修炼，第一练武功，第二步是气功，第三步是内功，比气功要高一层了。第四步是道功，第五步是禅功。我说现在中国怎么一齐搞气功！气是什么东西啊？把一呼一吸当成气了，一呼一吸这个气属于风大。天台宗教你数息观，现在禅宗也学天台宗，只讲数息，打起坐来就在那里管出入息，计算个数字，学了一辈子就搞这个。所以我在《如何修证佛法》这本书上就讲，你们修这个是学会计啊！呼吸往来一次，昼夜二十四个钟头呼吸了多少次，现在科学统计得很清楚啊！你去记这个数字干吗？呼吸进来、出去，能够停留吗？要像攒钱一样留在那里，你找死啊！呼吸进来留在那里不出去，都是碳气，会生病的，呼吸要流通才健康啊。

如果达到得定了，止息，粗呼吸静止了，那个接近真息了。息有三种，佛说的，呼吸往来叫长养息，是保养用的，下午讲过了。等到止息时，那个止息是止的长养息，于是报身息起来了，那是现有生命的根本。你把握住那个止息可以祛病延年，活久一点。不一定说不死，也许死，也许不死。至少我到现在还没有死的经验，等到我死了再来告诉你（众笑）。投胎的时候，那一刹那的息是种子息，工夫证到了那个境界，你可以俱足五通里的神足通了。这个不是讲神话，神足通在《庄子》及《列子》书里都有，可以御风而行，可以在虚空中玩。学密宗最崇拜密勒日巴，密勒日巴成就时，自己身体跳到虚空中走路，全身及两个腿气脉都打通了，换句话说肉体可以飞腾。古代的道书叫“冲举”，人可以冲上去，浮空而动，那是风心自在的关系。

六妙门的问题

晚上开始给你们讲的重点，就是修出入息，我给古道他们少林寺的一些出家人也讲过；尤其古道，年轻出来到处求师访道，又剃光头又吃素。古道原来修持不是没有心得哦，他走天台宗的路线修禅定。天台宗那个路线是六妙门，你们都看过的，六种方法，小止观六妙门。所以我给古道他们专门上课讨论，因为他的确讲究修持嘛。没有经验的不给他讲。我说古道啊，你们这几个注意啊，小止观六妙门，是智者大师抽出来《修行地道经》及《达摩禅经》的一个修行的方法。天台宗创这一宗比禅宗晚一点点，差不多同一个时候，两方面分开。他自己修持有成就，把这个方法写了出来以后，小止观天下流通了。到现在为止由小乘变成大乘，我一点都不客气地批评，误尽了人了。大家走六妙门小止观的办法，没有一个走通的，也没有一个修成就的。古道，我是不是这样讲的？（古道：是。）

我好大胆啊！这是我对玄奘法师翻译的唯识，以及智者大师公然的批评。所以我说你看天台宗，两三代之间只有二三个人成功。后来的永嘉大师是先修天台宗的，他开悟是走禅宗的路线，他悟道以后再请六祖印证。他写的《永嘉禅宗集》，完全脱开了天台宗的办法。所以禅宗真正了不起的弟子是永嘉大师，可以说是第一人。

我说这个六妙门的问题，智者大师有错吗？没有错。他是大慈悲，他整理出来修安那般那的方法，以此来作为修定入门，但又马上转到大乘去了。他怕一般光修安那般那出入息，修啊修啊有神通了，有了天眼通、天耳通、他心通、宿命通，乃至空中可以飞起来的神足通，结果变成外道。因为五通一来，般若智慧受障碍了，不会大彻大悟了。因此他一转就转到大乘了，变成三止三观。可是从他这个以后，后世修行的人成就少了，此其一。

第二，中国的禅宗从达摩祖师传到六祖，一直到了唐朝末年，五宗宗派兴盛了以后，中国的大乘禅宗也完了。"一花开五叶，结果自然成"，是不是这样讲啊？是啊。好不好啊？禅宗祖师的预言。我到现在才明白，这个话好白啊！"一花开五叶，结果自然落"。五叶开完了，没有了。所以到现在禅宗在这个世界上是"不绝如缕"，已经断绝得差不多了，只有一条丝一样吊住，也许还有一两个人还在吧！只剩这一条丝了，这是中国文化很严重的问题。我为什么写《静坐修道与长生不老》？就是破那些执着六妙门的，破那些执着因是子静坐法、冈田静坐法的，因为都走错路了，我是一番慈悲心写那本书的。现在我讲的更破六妙门。六妙门是对的，但用错了。你把六妙门拿来对照看看。所以现在走遍天下禅宗，乃至打起坐来，问他们在干什么？在修止观，修数息观，就在那里打坐。不止他们哦，古人很多落在这里。像苏东坡、陆放翁、白居易他们都是学禅学道的，陆放翁“一坐数千息”，打起坐来自己数这个一呼一吸，每次上座数几千个息，等于念咒子，念了几千万遍。我看了就笑，陆放翁在学会计啊，有什么用？现在告诉你们六妙门，慢慢来，到第三天了。

为什么修禅定？就是《修行道地经》、《达摩禅经》，还有些禅经里头写到的。但是你看禅经年代，有些都是东抄西抄的。再回过头来看《大藏经》里头《大毘婆沙论》，目连尊者的《法蕴足论》，舍利弗的《舍利弗阿毗昙论》，这些你们研究佛学的都不看的，看也看不下去。这些著作里都有提到过，尤其是《大毘婆沙论》，不论讲唯识或讲其他，这本论都很重要，是五百罗汉依照佛弟子的法统来的，出家学佛不能不研究。

为什么用这六个方法呢？其实六妙门只有一个门。我告诉你们原则，只有一个方法，就是利用你的风大。我们生命都是气嘛，这个气详细讲很多，今天先讲六妙门。你们打起坐来，思想到处飞，收不拢来。思想为什么不能清净呢？因为你自己那个电风扇的电源没有关掉；也就是说呼吸在动；呼吸动思想就动，思想动呼吸就动；换句话说，“心”、“息”两个没有合在一起。

我们中国人有句骂人的话，“没有出息”。这是道家的话，说你呼吸不对，没有出息，闷住在那里变成笨笨的，所以要有出息才对。没有出息是什么人？这句话好毒啊，如果没有出息就是死人，因为死人才没有呼吸往来嘛！所以这个息有这样重要。

现在告诉你，打起坐来为什么思想不能宁静，念头不能清净呢？因为呼吸往来，风动，行阴的关系。呼吸为什么往来？因为你思想没有宁静。你说这两个哪个为主，哪个为附带的呢？都不对，两个平等的，天平一样。你如果呼吸宁静了，思想也宁静了，这个天平也就平稳了，不是心先动还是气先动的问题。

因此道家懂了释迦牟尼佛修出入息的法门，就有个比喻叫“降龙伏虎”，要把这个、那个思想拴住。思想就像飞鸟一样，乱跑的，你自己做不了主。思想来不知所从来，去不知所从去。如果你把注意集中在呼吸上，思想给你拉回来了。

但是也不要故意去呼吸，我们这个鼻子的呼吸往来，你平时也没有特别注意，现在坐起来什么都不管，能够听得见呼吸更好，听不见你也会感觉得到，感觉一进一出。你感觉第一下，感觉第二下，思想跑开了，你就晓得两个分开了，赶快把它拉回来，所以道家又叫这个男女结合，阴阳双修，等于女人跟男人配合连在一起。道家说阴阳配合中间有一个媒婆叫“黄婆”，就是“意”，你那个意识要把呼吸跟思想拉在一起。不要太注意哦，呼吸本来有来往嘛。一上座什么都不管，意识只注意这个呼吸，思想就与它结合在一起，不乱跑了，方法很简单的。

可是一般人做不到，佛就告诉你“数”。怎么数呢？

你知道呼吸出去，注意它出去又进来。一进一出叫一息，你数一；再来一进一出，数二；再来一进一出，数三；记这个数字。如果呼吸一进一出，一、二、三、四、五、六、七、八、九、十，数到十以后，还有个方法，不数下去了；再呼吸一进一出数九，再一进一出数八，倒回去数。

如果呼吸一进一出数到三，中间想别的了，不算数，重新来过。再数呼吸一进一出数一。如果数到六，又有别的思想岔过来，不算数，再来从一数起，这叫数息的法门。可是你想想看，我们的呼吸本来天性一进一出，本来有的，对不对？同时我们还有一个作用，感觉到自己有没有注意呼吸。哎呀，不对了，它又乱想了。这一心就有三个作用。

所以我们普通骂人不要“三心二意”，三个心二个意，你看我们生命里头多么闹热啊。三心二意合起来归一心，你只要注意呼吸，不要太用心，自然放松，呼吸到哪里你不要管，你会感觉到的。这个呼吸到胃了，到哪里了，你跟着这个去也是妄想，因为心跟息没有配合为一。

有些修禅定的书上告诉你“眼观鼻，鼻观心”。搞得有些人修行就眼睛盯在鼻尖上，低着头，那要命了，那会神经病的，脑子气也走不通。那是叫你眼睛不要观外面，只要注意一下鼻孔呼吸而已。初步呼吸是鼻孔里头出入，跟心念配合在一起，这才叫做“眼观鼻，鼻观心”嘛！不是守这里啊。呼吸要配合心念就宁静了，这一宁静你有感觉的，如果呼吸进来，好像下不去，只到肺部，或者哪里难过，其中很多的问题，我们慢慢再讨论，先了解这样叫数息。一共六个要点：一数息，二随息，第三步止息，第四步观，没有讲观息。止、观、还、净。其实，应该说数息、随息、止息、观息、还息、净息。可是把下面这几个息字拿掉，反而解释不清了。

第五堂

清洗内外

数息的秘密

为什么要数息

止息的状态

忍与智

六字诀

清洗内外

关于数息，这里有个秘密。真要修这个法门，连带身体祛病延年，比较活得长一点，每天要清洁九窍——脸上七个洞，下面大小便两个洞，都要清理的。譬如大家在都市，空气污染，每天都要清洗鼻孔。学瑜珈不但洗鼻孔，同时还要洗脑。有些同学跟我做到了，有些同学不敢试。用完全干净的冷水，鼻子吸进来，嘴巴“噗”喷出去。洗脑、洗鼻子，要很干净的水。开始一两次你觉得脑很痛，实际上脑神经很多脏东西，三四次以后舒服得很。这就是洗鼻子、洗脑的方法。甚至后来练好以后成为硬工夫了，牛奶或者水喝下去，一股气从鼻子里冲出来。但是一般不用牛奶，用清水。

还有练瑜珈的要洗喉咙、食道。我们觉得东西好吃，实际上知道东西好吃是舌头，与喉咙没有关系，只要咽到喉咙以下，什么味道都不知道了。所以好不好吃就是舌头上那些味觉，咽下去以后什么都一样。食道管是最脏的，所以修瑜珈修气脉的人告诉你，食道管不清，脑子的思想不会清净的。譬如我们拿玻璃杯装牛奶，你喝完了，那个玻璃杯上留了一层白的痕迹，用过一百次不洗，那个玻璃都不透明了。所以我们吃下去的饮食，经过食道这里是一个关节，修瑜珈的叫喉轮。

喉轮到心脏这一节不清净，思想妄念很难停止；有时候脾气坏，思想很复杂，心里烦躁都是这个问题。所以食道管要清理。我当年也试过，我什么都敢试，当作我修道的实验，那个时候我就不要命了，万一死掉就拉倒。我有一个观念叫“以身殉道”，拿自身来试验，看是骗人的还是真的。释迦牟尼佛当年在求佛法的时候，为了半句偈子、两句诗，因为不懂要人告诉他，为此他可以牺牲生命。

共产党的一个老前辈，在福建被国民党枪毙的瞿秋白，临死前写了这两句诗，这不是他作的哦，是唐朝的：“月到上方诸品净，心持半偈万缘空。”这是用佛的观念，佛求道为了两句口诀，牺牲生命换一个知识，求学要有这个精神。现在你们是缘分好，福气好，碰到我这个厚脸皮的老头子，恨不得把收集来的东西，都吐出来给你们做营养。可是我搞了几十年，没有一个人真正接受去消化的，都没有；都像某同学一样，听了以后牙齿白白的，像释迦拈花迦叶微笑，以后什么都没有。

食道管怎么洗呢？一块白纱布，要很干净完全消毒，吞下去到胃里把胃食道洗干净。那个布一拉出来闻到内部的味道，臭的，感觉这个生命太脏太臭了。这是上面，还有下面肠子都要洗。修安那般那想即身成就的，还有真正修密的，这些都要做哦！身体的内外要洗得干干净净。

那么平常打坐你怎么洗这个食道管呢？所以有许多人胸口闷，我告诉他很简单，你站起来，把舌头尽量向上面拉，抵那个小舌头，像要呕吐一样，三次以后，那个食道管的东西就下去了。对自己可不要马虎哦！不会拉死掉的，舌头拉了以后，你食道这里非常开。自己洗喉轮这一部分，当然还可以洗胃。学瑜珈的洗胃怎么洗？自己坐在这里，用意识把气（不要吸一口气哦）充实，在胃这里转动，另外还有各种方法。

人类为了修行，求证这个生命本体的作用，自己产生很多的方法。那么现在我们讲，譬如生瘤生癌，真正修安那般那，修气的人，就可以下决心用工夫把它破掉，等于镭射一样把它击破了。这是可以做到的，就看人有没有决心。道家有两句话，"若要人不死，除非死个人"。你想求长生不死，除非下死的工夫，死就死嘛。这两句话有它很深的意义，所以修行做工夫，是以这个决心来的。碰到一个境界就害怕了，赶快找医生，就越看越厉害了。然后我常常说，我的朋友西医中医名医都很多，只是偶然参考一下而已，我到现在还是相信自己耶！大丈夫自己生命自己做不了主，那就不要做人了，就那么简单。

数息的秘密

刚才零碎地报告了以后，我们不要离开本题数息，数息有个秘诀的，我把秘密也告诉你们了。我对你们都很慷慨地布施，法布施。学密宗不得了了，要你们磕多少头，拿多少供养，还有多少条件，最后拖了一年半载才告诉你一句话。我不是这样，我把所有的东西知识，完全拿来布施，我能够知道的，也是天下人的。过去祖师们留下来的，不幸让我知道了，我很不客气的一定把它公开。我一辈子是这样一个观念，道是天下人的公道，我不喜欢秘密留一手不传人，我认为不道德。哪一个人说留一手，就算有不死的法门我也不要，因为你这个道德有问题了嘛！要注意学这个精神，道是天下人的公道，应该公布天下，使人人得好处，那才是修道的目的了。

佛有个秘密的吩咐，当你要数息的时候，譬如鼻子气进来出去数一，在你们的观念里，在哪个时候计数呢？人的贪心、私心多半在呼吸进来的时候计"一"，那是做气功，不是修道。佛告诉你真正修道是数出息，注意出息，这个秘密重点我告诉你了。

佛讲的秘密，大家看经典不注意，我就看出来了，当时对佛磕头，你总算吩咐后代的人了；可是后代的人自己不修，那就没有办法了。修涅槃注意出息，出息怎么数？当你数出息的时候，你把所有的一切，连自己的生命，一切烦恼、病痛，跟着出息放出去。尤其是感冒生病，或者身体里头生瘤、生癌啊，让它一齐跟出息出去，出去就空了。你如果这样数息，身体马上就轻松了，先试一分钟再说。

这不是讲理论，自己试试看，不一定盘腿，任何姿势都可以。呼吸本来有的嘛。你注意出息，思想跟着呼吸自然走，一切烦恼痛苦，一切病痛、业障，呼出去就没有了。呼出去再进来的那个是干净的，到你里面又变脏了，氧气进来变碳气，接着碳气就呼出去了，一切病痛也没有了。注意数出息，不是注意数入息。一般练气功修道的，准备练工夫时，先吸一口气闭起来，那不是找死吗！练武功的更有这个毛病，我看到练少林工夫的也有这个毛病，最后气还是要出去嘛。最后"嘿"一声，气出去了才发生力量。那些人就不懂了，拼命吸一口气闭住。真正"空"的力量比"有"的力量大，如果你气进来保持住，那就不好了。数息这个初步懂了吧！

为什么要数息

数息的目标再讲一遍，你打起坐来数息一二三，为什么用数呢？能数的是心念，不管你数不数呼吸，同呼吸没有关系，不过借用呼吸把这个心念拉回来，跟呼吸配合。大家学佛学道，拼命在那里数息，我说你们是学佛还是学会计啊！呼吸是生灭法耶，进来又出去，出去一定是空的嘛，你数那个空的东西干嘛！可是佛为什么叫你用数息呢？因为你心拉不回来，所以用呼吸往来做工具，把心拉回来，心回来你就不要数了嘛！不数干什么？随。

第二步是随息。呼吸出去知道出去，进来知道进来，旁边那些思想妄念一概不要理。那等于昨天我讲禅宗祖师的一句话——"龙衔海珠，游鱼不顾"。听懂了吗？心念专一，旁边的杂念思想，一概不理。"龙衔海珠，游鱼不顾”这句话，初步可以借用到这里来。你专一了嘛！专一了就随息，气进来心念知道它进来，你管它到哪里！但是你有感觉的。

这个气进来，庄子说“众人之息以喉”，记住哦！普通人的呼吸只到胸部肺部，或者身体不好，只到喉部。“真人之息以踵”，得道的人，有工夫的人，气一进来，一直灌到脚底心。我老实告诉你一个经验，像我呼吸，没有感觉到身体有呼吸，但四肢脚心脚趾头气都到了。你气长命就长嘛，气短命短了，这叫随息。你看唱京戏、昆曲，那个小姐同那个书生，相随来也。就是跟着来了，这叫随息。你不要去用心的，有一些杂念妄想一概不理，你已经知道了嘛！还去管杂念妄想干什么！你知道杂念妄想，妄想就已经跑开了，所以你只管这个息。这样听懂了吧！六妙门第二个讲了“随”。

止息的状态

怎么是止息呢？刚才给你讲睡觉，一上来粗心大意的时候，有呼也有吸。我们这个身体很奇妙耶，你两腿一盘，什么都不管，像鱼在水里头呼吸，嘴巴吸进来，从两边鳃喷出去了，再进来又喷出去，都是空的。你看那个鱼喷啊、喷啊，有时候它嘴巴不动，不喷水了。我们也一样，鼻子呼吸一进一出，到了宁静专一时，呼吸也不动了，好像没有呼吸了，这就是止息。到了止息的时候，你心境也自然的特别宁静了。这个时候你会感觉到，黄医师前天跟我讲："我现在跟着气走了，全身的气充满了。"你错了，因为你在注意感觉了，你不要注意感觉，气本来空的嘛！你觉得太充满，或者用鼻子，或者用嘴巴，把它呼出去，一概把它放掉，空了，身体也不管了，气充满时念头也止了。这样身体内部变化很大哦！下一步慢慢再讲，我会告诉你们。

止息以后观，什么叫观呢？你知道自己呼吸宁静了，虽然没有完全定住，很久才呼吸一次，你也知道了，不管了，这个时候是观。你那个知道已经是在观察自己了，不要另外有个观嘛！你知道自己这个样子，不是在观了吗？然后你观察到这个气，到了胸口怎么下不去呢？哎呀，背上这里痛得难过啊！这个就是观，你看到了。你看到自己背痛腰酸，好像肝这里很难过，是不是生了什么东西了？你的怀疑都来了。这个时候怎么办呢？不要理它，你这时候最好故意提起来，不是鼻子了，要点是在难过的地方，把它定住不动。这个你们要研究佛学了，讲个道理给你们听。

忍与智

四谛法门有八忍、八智十六心。注意这个"忍"字，是定力，所以日本人专门用这个字，侠客叫忍者。进入菩萨道要得无生法忍，这个"忍"字很厉害。中文这个"忍"字是上面一把刃，不是刀是刃，刀是一面开口的，刃是两面都有口的。心里头一把刃切断就是忍。当你静下来呼吸，感觉到这里不舒服，那里不舒服，就晓得苦嘛。苦集灭道这个苦谛里有两个作用，第一个“苦法智忍”，你知道这里痛苦，这个方法已经知道了，用“智忍”停在那里，慢慢觉得很难过，觉得这里好像要出来，就给它放出来了，呼吸也放了，有方法、智慧的忍。进一步，然后慢慢这个病痛变轻松了，“忍”字没有了，叫“苦法智”，智慧打开了。

“集法智忍”也是同样的道理，集就更厉害了，你身体、生命集中在那里难过，经过“智忍”，慢慢集打通了以后就是“集法智”。工夫到了以后就是“灭法智忍”，再进一步，“灭法智”。工夫到了得道境界是“道法智忍”，最后到了叫“道法智”。

苦集灭道对我们欲界讲的是四种忍、四种智。到天人的境界高出一层，到了色界、无色界的天人，另外星球的人，也有痛苦，比我们轻，那个叫“苦类智忍、苦类智，集类智忍、集类智，灭类智忍、灭类智，道类智忍、道类智”。同我们差不多，比我们轻，也要做这个工夫。

刚才讲到你病痛到哪里的时候，你只好把它忍住，把它呼出去，这些工夫不是讲理论哦。理论懂了，不用实际身心去体会，我认为是空话。你修证不到有什么用！世界上任何科学也好，宗教也好，哲学也好，对身心无益的，那个学问有什么用！所有的知识学问都是要对人类身心有利的。所以学佛要实验，是个科学的实验。这个忍跟定有差别吗？忍跟止跟定有差别的，逻辑上有差别，就是强度的差别。

六字诀

你呼吸出去了，所以修六妙门止观告诉你六个口诀很重要，这六字诀——呵、嘘、呼、吹、嘻、呬，究竟是从佛家来的，或者是道家来的，我到现在为止还没有弄清楚。这是讲学问知识。用处呢？非常有用。这六个字发音，当你们修安那般那呼吸法的时候，你感觉到自己身体内部，心脏这里胸口难过，就用呵字。但喉咙不出声音，从心脏这里呵……一口气呵完了，嘴吧一闭，气自然回转来。你呵几次，胸口、心脏这里就打开了，病也出去了。

吹字是肾部，腰这里难过，气走不通，用吹字发音。不是念出声音来，这个嘴形如吹箫、吹笛子（师示范），一口气把腰、肾脏所有毛病吹完。吹到最后，嘴巴一闭自然呼吸，一两次以后这里就松开了。

呼呢？脾胃有问题，或消化不良用呼字，嘴巴发呼音的形态。呬，你用广东话或闽南话发音，西啊、斯啊，差不多，嘴巴拉开，是肺部的。嘻字是什么发音啊？我们人高兴怎么笑，嘻嘻，嘻嘻，就是嘻这个发音，前面上中下三焦就都打开了。这六个字的发音非常重要，属于般那出息的法门。

所以我说现在中国的大庙子，你们很少看到真正丛林。像宁波天童寺、阿育王寺，或者常州天宁寺，不知道现在还有没有修行方法的建筑。真正的丛林建筑，就是表示修行的方法。你一进到山门里头，前面的殿供有哼哈二将，就是安那般那呼吸作用。那个“哼”是用鼻子呼气，“哈”是嘴巴哈气。所以修行先从安那般那，哼哈入手。

这个殿过了，是四大天王，两个眼睛、耳朵。也可说眼睛、耳朵、鼻子、嘴巴，中间有一个大肚子的弥勒菩萨，哈哈大笑，也可嘻嘻大笑，人生难得是开口一笑，所有气都通了，对不对？

过了弥勒菩萨后面才是韦驮护法菩萨，再进去大殿上是释迦牟尼佛，法报化三身坐在那里，眼睛看都不看你。再转过大殿，背后是大慈大悲观世音菩萨，得道以后入世，再来苦海里头救众生。大殿释迦牟尼佛边上二排是十八罗汉，或者是四大菩萨，都是配套的。所以真正大丛林，实际上用形象来告诉你修行的方法，都很清楚。大家不懂，只当做偶像崇拜。

刚才我们已经讲到数、随、止，下一个再讲到“观”，你就要观察清楚了。“还”是要按前面这个路修行，然后工夫到了，好像鼻子呼吸一切都停止了，身体内部都完全变化了，“还”到哪里去啊？你看六妙门书上转向大乘般若空观啊、假观啊，把大家带向那一方面了。

明明六妙门是小乘的修法，是工夫耶！回到哪里？回到不呼不吸，就是老子讲的“如婴儿乎”，回到在娘胎里，或刚出娘胎时那个婴儿的呼吸状态，应该回还到这里。然后“净”，呼吸也清净了，杂念也清净了。杂念清净了以后就没有思想吗？错了，见闻觉知都在，能够知道一切，也能够明白一切。觉是感觉，知是知道。

所以真正到达这个工夫，得定的时候，你的灵感，你的智慧，你的头脑，接触外界的力量完全不同了。也许你坐在这里，连上海的朋友讲话的声音你都能听到；你家里做什么事你也知道了，见闻觉知都在。

今天初步先给你们讲六妙门，内容详细讲还多得很耶！

第四日

第一堂

日本为何推介禅宗

生命科学和认知科学

神与光

念佛与悟道

六妙门与永嘉大师

你懂呼吸吗

日本为何推介禅宗

佛法讲修行由有为法入手，这是讲学理。什么是有为法？由现世这个生命，由物理世界生理方面，开始着手修出入息的方法。从佛法传到中国开始，流行了一千多年的六妙门，现在流行全世界，有多少人从这个法门修持有成就的？在我一生的经验，非常感慨告诉大家，几乎没有看到过一个。尤其是日本的禅宗曹洞宗，也是一样没有见到有成就的。

日本从第二次世界大战投降以后，有个秘密，一般搞历史、政治的都不知道。日本有些小动作非常聪明，很有意义。我们中国人自己认为比人家聪明，可是粗心大意，这是中华民族一个大毛病。

日本人投降以后，送了很多的樱花，种在美国的首都华盛顿；现在到了春天一看，那个樱花盛开比日本的还漂亮。我说人家真聪明，因为这是非常小的动作，但意义很深。有很多人搞不清楚，说日本的樱花是国花，完全错了。樱花不是日本的国花，日本的国花是菊花，秋天的黄菊。你们讲学问，讲历史，搞政治，都要弄清楚啊！樱花是代表武士的精神，虽然日本被美国的原子弹炸垮了，现在把美国首都变成樱花的都市，这是日本心理上的安慰，精神上的满足。

其次日本培养了两个人，一个是和尚，如果还活着有一百多岁了；另一个是在家居士铃木大拙，到美国去，讨了一个美国小姐做太太，外文学好了，在那里大弘其禅宗，可以说“声望鹊起”。你以为铃木大拙是去弘扬禅宗吗？你要晓得，日本政府一年支持他五十万美金。日本人认为，战争虽然失败了，文化上侵略你。日本没有什么文化，只有禅宗的曹洞宗。这个时候我正在台湾，很倒霉的时候。杨麟的父亲杨管北讲，日本的政府会培养一个禅宗大师，出去侵略人家的文化，你在台湾还过着苦日子，我们跟人家怎么比？我说没有事啦！他们不是替禅宗推广了吗！我说美国人也不是太笨，摸了一二十年，会摸回来的。

生命科学和认知科学

现在美国热闹的是什么？不是禅了，是道家与密宗。因为这两个东西影响了两个新的科学。一个叫认知科学，是受唯识的影响，因为搞不懂精神生命，不知道生从何处来，死向何处去，以及宇宙怎么发生的，所以科学家就在追。

另外一个是生命科学的研究。美国受西方文化的影响很深，基督教根本不相信有前生后世。可是现在电影、小说都出来了，相信有因果，有前生后世，所以就拼命在追寻，这叫生命科学。这当然是从物理作用来的。所以我说庙港粗粗完成，等于一百分的工程只完成二三分，真完成还早呢！现在没有宿舍、研究室、办公室，什么都没有，真正研究，还要买最新的脑部仪器等等，还要医生配合科学的研究。不是在这里天天打打坐，听这些古老的东西，而是要将古老的旧文化，变成现代领导人类世界走进一个新的文化里程，这是我所理想的一条路。可是在这里我们刚做了第一步，第二步怎么踏出去还不知道。困难在哪里？第一是人才，第二是钱财；做任何事业人才比钱财还难。

我开头就讲到六妙门，因为讲到日本及全世界流行的禅宗，现在做工夫还在六妙门的数息上转，工夫达到随息的都很少。我也不敢说走遍了全世界，至少日本、美国去过，欧洲法国也去过。

有一个问题很严重，人类的文化，二十一世纪以后究竟向哪一条路上走？现在不是中国耶，整个的人类思想文化、精神生命都是空白的，我的忧患心情就在这方面。一个人要真正地发心，不是为个人，或为哪一点，以佛学来讲是为救众生。

神与光

我昨天把六妙门的要点告诉大家，要如何修持，你们尽管听了，不容易了解的。我昨天批评了天台宗的祖师爷，对他很抱歉了，只好忏悔磕头。那也不是他的错，他提出来这个修法完全对，是后世搞错了。所以永嘉大师也是先由天台六妙门，修止观开始。数、随是个修持入门的方法，全部的佛法重点在修止观。止就是定，观就是慧。永嘉大师由天台止观入手转到禅宗，结论三点：法身、般若、解脱。

成佛有三个身：一法身，是本体，不生不灭，不生不死，不空不有的，永恒的。明心见性以后，自己工夫证到了法身。二化身，十方一切诸佛及我们一切六道众生，都是法身的化身。三报身，譬如释迦牟尼佛这一生，这个肉体是报身，应报而来，应众生的需要，所以佛以一大事因缘出世，是应化身，答应众生来度化的。释迦牟尼佛、阿弥陀佛这些都是化身，真正的报身是卢舍那佛，在色界天。色界天天人，他们把物质的身体转化了，成永恒的光明。

注意哦，光是不生不灭的，你们一听光都懂了，没有一个人见过的。譬如我们坐在这里，看到前面有亮光，这是色，不是光，那个光的能是无形无相的。严格来讲，佛学认为光是“无相有对”，很难懂吧！没有现象所以你看不见。光学在科学上测验出来，像电视有纳米科技等等，手机上也可以看到对方讲话。但这是色，不是光。光的体是什么？你看不见，“无相有对”——没有现象，科学仪器还在追寻，可是它有作用，有对待。中文过去用一个“待”字，待就是现在讲相对的，这些你要懂古书了。我们物理世界的东西都是有相有对的，到了色界天的境界，就超过物理世界而是“无相有对”。

所以我常常告诉那些学生，像基督教的牧师、天主教的修女神父，我有好几个这样的学生。我告诉他们《圣经·新约全书》里讲的都对，你们解释错了。我说你翻开《约翰福音》来看，神即是光，光就是神。我说这样讲就对了，被你们解释错了。这个上帝，就是这个神，就是这个光，这样就对了。

所以《金刚经》说“一切贤圣皆以无为法而有差别”，以佛的观点看世界上一切宗教，一切圣贤都是对的，他们都得道了，只是所得圆满不圆满的差别。他们都见到了这个空，好比挖一个洞孔看到是空，打开天窗也是空，在喜马拉雅山顶上看也是空，在太空看也是空，但境界不同。这就是佛的境界，多伟大！你不要看不起其他宗教的人，都要尊重啊，都对的。

念佛与悟道

清朝雍正皇帝，学禅宗的，他真的悟了，不幸后来当权。在他没有登位当皇帝以前，非常舒服耶，自称是“富贵闲人”，又自称圆明居士。他学禅悟了道，工夫还没有彻底，还有怀疑，他与章嘉国师讨论，章嘉国师在那一代也是大彻大悟的。国师说：你对，殿下！但是你是把墙挖一个洞，看到那个空了，没有全面。雍正说还要用功。所以记录上他在雍和宫自己一个人用功打七，昼夜六时，最后悟了，马上跑去见章嘉国师。国师老远看到他说，你对了！你对了！

我讲这一段故事，是说明《金刚经》所说的“一切贤圣皆以无为法而有差别”。后来净土宗的祖师，从东晋以后提倡念一个佛号“南无阿弥陀佛”，我说你们不要轻视，我还是主张不管观音也好，文殊也好，好好念一句“南无阿弥陀佛”，彻底到家了。梵文“南无”两个字，为什么写成南方的南，有无的无啊？有些道书上写南方没有佛，所以叫“南无佛”，真是可笑。你要晓得我们佛经翻译在魏晋南北朝、唐朝，那个时候的客家话、广东话、福建话是国语，那时的“无”就是读“摩”，所以“南无”是翻音。密宗有一些经典就翻成“那摩”，意义是皈依，一切归向佛。所以念“南无”用广东话、客家话最准。

阿弥陀佛，“阿”字开口音，是喉部、胸部的音。梵文翻过来是无量无边，无大无小，无所不在，处处皆在，非常伟大的伟大，大而无外小而无内，简单地讲就是无量。

“弥”是光，无量的光，光充满了这个法界宇宙之间，无所在无所不在。所以你看是科学吧！你们有没有念过《阿弥陀经》？佛在经上告诉你“青色青光，黄色黄光，赤色赤光，白色白光”，所看见的都是色，色的后面就是光，你没有看到。白天黑夜你以为看到的是光吗？那是色啊。光源、光能你没有看见过。光源是“阿”，无所在无所不在，充满一切，“弥”是光，“阿弥”是无量光。

“陀”是寿，永远不生不死的寿命。“阿弥陀”现在外文翻音是 Amita，佛就是 Buddha，原来中文就翻译成“菩陀”，每个时代翻译不同。换句话说阿弥陀佛就是无量光、无量寿，永恒不生不灭生命的本源。

“南无阿弥陀佛”，不是“喔”弥陀佛，你们念出来发音就知道了，体会自己的嘴巴，“阿”是张开口的，开放的，拈花微笑，花是开开的。“喔”这个嘴是缩拢来，下沉的声音，堕落向下走的。现在很多人念成“喔”弥陀佛，只好对他笑，也不好讲，讲了他不信，还说你错了，我们师父就是那么教的。

南无阿弥陀佛，无量光寿，所以中国的道家道教，见面问什么话你知道吗？唐朝以后道教变成国教，道士跟道士见面说“无量寿佛”，就是阿弥陀佛。换句话说，阿弥陀佛就是光寿无量无边的。

六妙门与永嘉大师

刚才讲六妙门，一下子说到这里，好像扯得好远，可是我没有离开过主题哦，是中间给你们说明清楚，六妙门太深太深，不是那么简单。讲到天台宗到了永嘉大师《禅宗集》就讲，成佛有三句话，“法身不痴即般若”，你一念清净，万缘放下，证到法身，大彻大悟这是大般若。“般若无着即解脱”，什么是智慧的解脱呢？一切不执着，佛不是告诉你“一切众生皆具如来智慧德相，只因妄想执着，不能证得”吗？你不妄想当下即是。“解脱寂灭即法身”。永嘉大师这三句话，这个逻辑反反复复把佛法最高的、彻底的中心告诉你了。

这位永嘉大师老乡真了不起啊！所以我当年开始学佛，很有机缘，拿到了他的全集。那时我还在军校当教官，在办公室把它全部读完，还列一个表，非常佩服，真是天天顶礼膜拜他。“法身不痴即般若，般若无着即解脱，解脱寂灭即法身”，这三句可以说如珠走盘，没有一个方向保留的。三句即一句，一句即三句，一念寂灭清净当下成佛。而且他的全集虽然薄薄的一本书，却相等于宗喀巴大师的《菩提道次第论》，你们可以去研究。宗喀巴大师比他晚一千多年，他当年写《禅宗集》，叫人先学做人，怎么样修行，怎么样修小乘，怎么样修大乘，最后大彻大悟成佛。“法身不痴即般若，般若无着即解脱，解脱寂灭即法身”。你们可当咒子念，能够破一切魔法。

刚才讲阿弥陀佛，讲到永嘉大师法身、般若、解脱三位一体的观点。现在回过来讲六妙门，这是一个很好的入门方法，大家不容易懂，但不要轻视，你们尽管听了。

你懂呼吸吗

我不好意思每个人考问，你真懂了气吗？真懂了自己的呼吸吗？不要说诸位，乃至很多出家人，用功一辈子，自己呼吸还认不得耶！翻开《达摩禅经》，上面祖师的批注“安般者二种：一见二触，钝根不见”。意思是说，有智慧的人当下就看清楚自己的呼吸；愚痴的人听了白听，一辈子也不晓得自己的呼吸，连影子都没有。

愚痴是佛学名称，就是笨蛋的笨蛋，我们一般人都是笨蛋的笨蛋，不容易懂的。再说我们这个生命地水火风，我也常常告诉大家，你看这个地球，百分之七十是海洋，同我们身体一样百分之七十是水，身体等于都浸泡在水里头。所以天热走在沙漠的时候，几个钟头没有喝一口水，人就受不了了。我们身体骨头、肉，这属于地大。

昨天看到你们下课围着黄医师问，他把胎儿入胎讲得很清楚。那个受精卵在娘胎分化像花一样地开，又像包饺子一样包拢来，阴中有阳，阳中有阴。所以释迦拈花，迦叶微笑，我们的身体是这样的哦！现在有个生理解剖的影片，很清楚详细，赶快买一部看。这个细胞这样变化里头就有脉络的路，这个叫气脉。所以修气、修脉、修拙火、修明点，是打通这个气脉，把这个物理生命跟宇宙法界的光混合一体，就变成不生不死的光明，你也就成佛了。这不是有相的哦！有些着相的人修成精神病，说打坐看到光，看到佛啊，看到鬼啊、神啊，尽说那些神话，不知道那只是自己心理、物理的作用。

我现在浓缩跟你们讲，《达摩禅经》首先讲修行容易退转，一般人开始很愿意修行，慢慢都退了，有三四十种退，实际上还不止。譬如你们这几天在这里看起来很精进，只要上了车子回去，就已经退了。像我这样努力勤劳的还没有耶！一般人不会干的。

根据《达摩禅经》安那入息，般那出息，简称安般法门，有两种含义：一是见，看得见，不是眼睛看见，你心里头、心眼已经看到这个气了。第二种是触受、感触、感受，感觉得到。他说钝根不见，愚笨的人根本看不到。所以将来我给学科学的同学上课，就不是这样讲了。

你观察这个物理世界，地水火风都在这个虚空里头，风跟空两个很接近，是一组，水跟地两个是一组，这是勉强来讲。其实四大性离，你看水冰冻起来就结块了，变成大地了；水消散就变成空气；火是温度，在中间，这个要懂《易经》了。所以你做工夫，如果懂《易经》，安那般那修好，身体就改变过来，病也没有了。

一切病都是水过多来的，《易经》风水的卦名叫“涣”，散掉了，一切病痛都吹开了。风水是涣，反过来呢？水风卦是“井”，水在地底下，风在上层变成井，水出不来了，停留了。气没有修好，这个生命就掉到陷阱里头，永远跳不出来。《易经》八个卦，要这样理解就读通了。所以道家《参同契》用卦理来讲这个道理，那就说得很多了。

六妙门今天还没有搞清楚，先要晓得自己身体四大之中，水大最容易出毛病，老化，有风湿、关节炎，乃至生瘤、生癌啊，都是气没有把握好，被水泡出来的。如果把握好气，再懂得《易经》的八个卦，一配合起来，你就晓得内部触受的变化。

第二堂

修色身转化

变相生灭的感受

生命生理的变化

修色身转化

继续昨天讲的六妙门，这是修色身转化，对父母所生肉体的生命，是一个非常初步的转化方法。但是我很感叹，流传到现在一二千年，真修实证做实验成功的万难取一，一万个人里头没有一个。学理好像都会，都是玩聪明。

修行为什么先要改变自己的色身呢？佛在《楞严经》最后的吩咐要记住哦！“生因识有”，我们生命投胎来的时候，十二因缘，无明缘行，行缘识，心意识精神跟物质结合，跟地水火风空五大结合有了身体。第二句话“灭从色除”，色就是地水火风空，物理、物质。你要修行上路，把生命恢复到原有成佛的境界，就要从肉体的生理来修，记住“生因识有，灭从色除”。

下面“理则顿悟，乘悟并销”，佛学的道理你们都学懂了，禅宗、密宗教理，这些道理要靠顿悟，一下明白。明白了以后，“乘悟并销”。刚才一位同学讲，阿弥陀佛空的嘛。他好像理都懂了，实际上一点用都没有。下面两句“事非顿除”，工夫是一步一步来的，事就是工夫，不是说你道理懂了，色身就可以空，你空得了吗？不是一懂就达到的。“因次第尽”，是一步一步修下来的。佛在《楞严经》上很严重地告诉你，“生因识有，灭从色除”。换句话说，生出一个孩子，大家高兴又来一个，又来一个。死去了呢？“灭从色除”。

“理则顿悟，乘悟并销，事非顿除，因次第尽”。大小乘修行路线他都说了，他老人家都交代了，没有对不起任何一个众生，众生有没有对得起佛呢？

实际上六妙门这个方法，也是在一个知觉、一个感觉里头转。你打起坐来，一定碰到感觉特别强烈，感觉叫做触受，佛学里触就是瑜珈，瑜珈中文旧的翻译是“相应”，要是我现在翻译，要翻成“交感”。物理世界，生理跟心理的交感，物理跟精神的交感、反应，就是瑜珈。打坐修禅定就是修瑜珈。身瑜珈是面对交感触受，简单分类有八种：冷、暖、轻、重、柔、粗、涩、滑，分析起来内容多了。

“冷、暖”，打起坐来有时候发冷，你就晓得里头有毛病了。有时候一身流汗，火烧一样发暖。“轻、重”，有时打坐坐久了，两腿或身体酸痛胀麻，好像得病一样，甚至有水肿，两个腿都肿胀走不动了，以为有病了，赶快找医生。一找医生，就看出来很多毛病，其实都不是。有时候觉得哎哟！这一次坐下来真好啊，身体好轻灵啊，好舒服啊！自己以为工夫有进步了，这些不过是个变化。这是讲现象哦！所以修行哪里那么容易啊！你要注意，发生任何的现象，同你的男女饮食，或者其他受风受寒等等，都有关系。

滑、涩，有时候身体很灵活，甚至打起坐来感觉皮肤都变细嫩润滑了。有时候身体动不了，古人用这个涩，现在就是像塞车那个塞。有时候“柔”软，柔是柔，软是软，柔是比较柔和，软像婴儿一样。有时觉得“粗”，粗糙硬化了，有时觉得身体有些地方变细了，有时觉得懒洋洋的。

你看我们那位同学一辈子缓慢，懒洋洋的，已经散了。他从小就是这样，这是他的业报，自己不肯努力。缓就是像弓箭一样不肯拉紧，永远放在那里。有些人看到他身体就可以看到他的个性。你看那两个老板，个子大大的，胖胖的，但是并不缓，办起事来很快，这是个性问题。有时性急，你觉得神经都绷紧了。有时候力量强起来，虽然没有练过武功，打坐下来，觉得威力无比；有时觉得实在没力气，变成很差，不行了。

我告诉大家，我在四十多岁的时候，发现自己忽然两个指头连一张纸都拿不住了，拿到笔不会写字，我说完了。我忽然对自己哈哈一笑，我说我不上你的当。还有，快五十岁时，我上楼梯都走不上去了，我就站在楼梯的中间，就这样定住，心想就这样走了，还一定要躺下来死吗？等一下气脉走通了，一样地走上去。所以要认识自己的生命，这些都告诉你。

有时哎呀！为什么拼命要喝水呢？以为生病了，得糖尿病了。这只是生理工夫进步的变化。有时肚子发胀，什么都不想吃；有时吃很多仍觉得饿；有时发闷；有时发痒，全身痒，连骨头中心都痒起来；身上发黏，或者喜欢动，或者喜欢静。加上老、病、疲劳、爱休息，这些生理现象的变化就有那么多。

变相生灭的感受

假设现在讲生命科学，一个一个的问题，可以做多少医学的题目！这个学问有那么大，都是从地水火风变出来的，变相生灭，从能触的功能来的，所以发生了感觉。结果我们打起坐来做工夫，统统跟着刚才上面讲的感受走，算一算一共三十几个。这还是简单的，佛经上面有，我再重新归纳过来。我们生命一天二十四个钟头，统统上当受骗，都在这个感受里头转。

这一次听过课以后，自己碰到那个现象不要忘了。那么去看医生可以吗？可以，西医也好，中医也好，你去请教高明医生。如果你说是打坐做工夫出来的，医生不懂你这一套，他也不听你的，他照现象来给你治病，反正医生说什么病，你作参考就行了。

一切的疾病都由四大变化来的，简单讲有三十几种感受作用。一般佛学家，不大管这些东西的，只讲空啊、有啊，唯识、般若啊、三止三观啊，哲学思想搞了半天，不晓得干什么！所以要我来研究佛学，做一辈子哲学教授，我不干！尤其办学院的，这些根本也不教，每个佛学院培养出来的，也不懂真正的佛学，更不懂真正的佛法要点。

所以这三十几种感受，好好去体会，每一个都是医学上的大题目，是四大的变化，是生理物理的变化，随时随地每一分每一秒，我们身体都被它转动。要想不听它转动，只有安那般那，把那中间的重点“气”看住，不跟这些现象走才行。你说头痛，痛得要死好不好！最后是死嘛，除死以外还有什么大事啊？死的不过是这个肉体。而真正的生命，等于房子盖起来，虚空还是存在，没有减少；房子坏了拆掉了，那个虚空也没有增加啊！这是讲六妙门，先告诉你这个，后面还有高深的，一步一步，可是都要记得哦，不要白听，听过了就忘了，不要捧场一样捧我的场，我才不要你们捧呢，我一个人多自在啊！

生命生理的变化

还有地水火风外面的变相呢？更多了，一般学佛学的是不管这些的。这个佛学名字叫“显色”，是物理世界明显摆在外面的现象。我们中国《易经》只讲八个卦。怎么叫卦？挂在物理世界天上、地球上让你看得见，所以叫卦。等于一个相片挂在那里给你看，佛学叫显色。青、黄、赤、白是色不是光，色后面能源是光是看不见的，只有科学仪器可以分析，但还不是彻底的哦。

青色是风来的，所以我们的肝胆是青色的，旁边是绿色的，所以学密宗的也懂了。黄色是地、土气，是脾胃。你看鸡的胃，里面薄薄的一层叫鸡内金，就是黄色的。心脏属火、赤色。肺是白色，肺怎么是白的呢？肺的外面那层薄膜是白的。为什么呼吸不对，有痰咳嗽？因为那个薄膜给水冻住了，发炎了。所以有人打起坐来说，老师我非常进步，不敢跟人家讲，一片黄光啊。我说好啊，好啊，恭喜啊，有进步，实际上是胃气发动，自己内观看到。你不要以为佛菩萨放黄光给你，这些现象都是科学的。

有时候云、烟、尘、雾，物理世界有这四种现象。尘是尘，空气污染里头是灰尘。宋老板在沙漠治沙尘暴，那个是尘。像我们在这里庙港，江南水乡水汽大雾多。云是云，烟是烟，尘是尘。我在西藏西康、四川，常碰到学密宗的朋友说：佛菩萨加持。问他怎么样？他说前面一片云海啊。密宗上师就告诉你：恭喜啊，赶快忏悔啊！观想、念咒子，修供养请普茶，请吃斋啊。我听了笑都不敢笑，那是修持里头的变化，感觉变了，这些现象会出现的。

所以有些人说，没有修道以前见山是山，见水是水；做工夫以后见山不是山，见水不是水；最后悟了以后见山还是山，见水还是水。实际一点空也没有悟到，这些我都看到过。我当年学这些，自己就有鬼聪明，这些都懂了，知道这是科学。同学说大师兄向你请教，我最近到了见山不是山，见水不是水的工夫。我说：好啊，你还没有到见鬼不是鬼，你说的都是鬼话，没有智慧。

有时候真的感觉自己走路就像在云中一样。我告诉你们一个经验，我十几岁开始学武功，我觉得脚踏下去没有地了，都是软的，就达到这种境界。你修道，工夫修到了像在云、烟、尘、雾似的，那不过是生理物理的变化而已。

所以我们这一次，假定太湖大学堂开始讲生命科学，就要有很多的仪器拿来测验研究，然后可以保持你的生命健康。青、黄、赤、白，这还容易懂。云、烟、尘、雾，都是境界，所以禅宗说放下。《金刚经》上说“凡所有相皆是虚妄”，一切境界，从般若来讲，通通要破除。

下面光、影、明、暗更难办。工夫到了某一步，眼睛闭着打坐，身体没有感觉，但是什么都看见了。光是光，影是影。有时候眼睛看不清看不见了，人好像老了，黑黑的你会吓死的；有时候又非常亮。像最近几个同学说，出毛病了，赶快去检查眼睛。我也常常发生这种现象，或耳朵听不见你们讲话了，一般普通人都吓死了，我知道是气脉走到脑神经，某一条脉不能过关，气在那里盘旋走不通。所以先告诉你们，这些一时的现象都是科学性的。

极迥色，佛学里讲这个，是非常远很难分析的，在物理上讲叫极微。现在叫中子、原子、电子、夸克，过去没有这些物理科学名称。那么佛学解释这些夸克、中子、电子、粒子、量子是什么呢？是空的，是地水火风空其中空的一部分所呈现的物理作用，叫空一分显色。这一下你就懂佛学了。

《楞严经》叫极微、邻虚，要记住哦。我今天传给你了，免得你将来查。《楞伽经》中叫“求那”，等于现在的夸克，翻译不出来了，只好照原文翻。像我今天很简单地告诉你，可是我当年的痛苦，几个月都弄不清楚。不是不懂哦，知道这个东西，只差叫什么名称，原来就叫“求那”。在小乘《俱舍论》及唯识学中，叫极迥色、极微色、邻虚尘，是物理最后的东西。

今天开始两堂课，好像专门给你们讲这些空话、理论，其实非常重要。如果你们这些都能记得，用起功来，碰到这些境界就晓得了，一点都不稀奇。什么魔啊、鬼啊、菩萨啊、佛啊，一切皆破，所以佛法有大科学。

第三堂

修定时的跳动

呼吸闻时间的人

罗汉们的呼吸法

修定时的跳动

（古道师打板通知上座）你们出家的同学们最好跟他练练，这个叫钟板，老规矩。禅宗分五宗，这个钟板的敲法、挂法，都有差别的。内行人一看，就知道这个庙子是曹洞宗，那个禅堂是临济宗，不过这都是形式。

刚才说到能触、所触，但自己并没有感受的状况。就像你们戴眼镜戴习惯了，呼吸系统鼻子这里，有两个小的脉管被压住了，旁边两鬓这里也压住。所以我十几岁时有近视，我现在八九十岁了，反而看报纸不要眼镜，一戴就难受，你们戴惯了不知道。

譬如我坐在这里，我眼睛看前面这个方向，两边这样大都看到了。你们戴眼镜，只看这么一点。所以要想恢复的话，自己打坐时要把眼镜拿掉；戴假牙的最好也拿掉，神经就不紧张了。神经的放松最后统统在脑，不在肢体。全身所有的反应，最后是脑的问题。你看那个病人最后上氧气，就是这个气的问题嘛！所以你平常把这个气先调好。

刚才前面讲的触受，酸、痛、胀、麻、痒等等，涩与滞同一个意义，就是塞住了。譬如黄医师的背，是风大水大停留在那里，如果人老了检查这里，关节疏松就来了。因为风大跟水大泡了这个地大，关节骨头的功能被压住了，工夫到了会打开的，打开的时候自然会跳动的。你们没有看到过，这里有几个人，最容易跳是那个李同学。如果你在她边上打坐，不了解，以为她发了神经。假如在禅堂里，就可能被打香板了，那是打得很冤枉。这就是不懂，应该让她跳吧，那是本身的功能发生气脉振动。

譬如这一次也出这个事。我们一个年轻同学，参加寺庙的禅七，我们笑他“大吼禅堂”。他在禅堂，哎哟！大叫三声，把全场的人震动了，就被赶出禅堂。理由呢？“宁动千江水，莫扰道人心”，妨碍别人用功了。说这是妨碍大家用功，打他香板。不晓得是他妨碍人家，还是人家妨碍了他！他也不是有意，那个气发动才会这样。所以你真用功，在家里你的太太孩子们不懂，会吓死了，把你送到医院去，以为神经病发了。至于吃饱、吃多了以后打嗝，内行的人一听，知道这是胃的问题；有些是肾脏肝脏的问题，打嗝的声音都不同，所以叫“明师难遇”。知道的师父就让他去发泄，他的病气就出来了。

所以修行需要同参道友，内行的师兄弟招呼，不然算不定你入了定，别人以为你死了，放张纸或什么在鼻孔上，觉得一点呼吸都没有，就抬出去烧了。所以修行要有环境，很难的。

刚才讲的触受，每一个都先吩咐你，你们在佛经上虽然看到，一眼就晃过去了，觉得很多余，其实这个最重要。刚才我还问大家，昨天听了以后，你自己觉得呼吸的气明白了没有？先认识自己的呼吸，心念跟它配合。六妙门大家都听懂了吗？听懂了我就讲下去了。刚才你们自己认为听懂了，在我的观念里，也许一百个人中有一两个听懂，我就很高兴了。要是全体懂，那真是满堂中彩了。

走修行之路，要注意两个重点的问题：饮食、男女。肠胃一定要清爽，男女性的关系，不能说叫你完全守戒，至少要做到清心寡欲，尽量减少，不然对于安那般那及你的身体会有影响。现在没有办法跟你讲气脉问题，六妙门等于只认识生命的气，还没有告诉你修气的方法。修气要懂十二经脉、奇经八脉，这同中国的医学有密切的关联。而且要懂得印度乃至于传到西藏密宗的三脉七轮。这不是理论哦，这是生命科学，都要认清楚，才知道自己的生命。昨天告诉你两个鼻子的呼吸感觉不同，我有经验，大家有没有，不知道。

呼吸闻时间的人

我年轻时在西康、云南边区，带那些部队就是土匪收编来的，叫做流氓部队。抗战时什么都没有，也没有手表，要跟士卒同甘苦啊，他们怎么穷，我要跟他们一样穷，他们吃什么，我就吃什么。我这个司令官有一个手表，好珍贵啊，别人没有，我心里也难受，带兵不能这样，所以也不戴。

有一天，下午到一个山里头，那边出门就是高山，看不到顶，想到古人两句诗，“山从人面起，云傍马头生”。你看文学多美啊！可是人在那个环境真痛苦，穷山恶水，到处都是山，一天到晚都是在云雾中。下面的人看上面，说是白云里头有神仙，可是我们在山顶上的是泡在湿气里，云雾弥漫，很难受啊！我讲这次经验给你们听。大概是下午三四点钟，我问什么时间了？有个老兵，乡下人，做土匪出来的，在我前面一站，他那个嘴巴歪一下，鼻子嗅一嗅说：司令官，三点半。我说你怎么知道？我鼻子闻出来啊。我说你的鼻子会闻出时间？对啊！什么人的鼻子都可以闻得出来啊。带兵嘛讲话不是那么文雅，我说：他妈的，你真稀奇耶，你有这个本事啊？带兵的时候，骂一句他妈的，他很高兴，晓得这一句话是奖励，不是骂人。我说你了不起，你告诉我怎么闻的。他说司令官，那个猫的眼睛，到中午是一条线，慢慢变，时间也一样变。我们人的鼻子也是一样啊，这个时候我是右鼻这里，嗯，知道下午三点半。这个厉害吧！后来我学了密宗，学了气脉，我很想找这个老兵，找不到了。

所以不要认为鼻子的气脉不重要，昨天告诉你早晨起来，双鼻都通的人绝对健康，有一边不通身体就有问题，对男女、饮食都要注意守戒了。尤其要学会单鼻呼吸，右鼻的呼吸进来，从右脉下去，管大便大肠的系统。左鼻的呼吸管荷尔蒙，或者男女精的系统。尤其是左边，以中国来讲，左边是阳，右边是阴。

还不止如此，你两鼻气脉通了以后，到一个环境，譬如要买房子，进去一闻，有怪味、怪气，这个房子不要。譬如我们现在这个禅堂你闻闻看，样样对的，是殊胜的道场哦！就有那么神妙，你试试看。你们自己有鼻子嘛！我说你们要修道做工夫，为了生命，天下最便宜的生意你不做，自己妈妈生的鼻子，一毛钱不花，却不肯去做工夫，真是天下的笨蛋！

这都是初步的初步，是有形的，要知道的。然后，如果你这个气脉修通了，佛学叫“鼻观”。《楞严经》上二十五位菩萨的报告，有修鼻观这个法门成就的。观，自己看见了，这就叫做修行做工夫。所以有没有修行，有没有工夫，你骗不住人的，也不要骗自己啊！

我再请问大家，前两天下午，打开电灯上课，气就不同，你的感受、触受就不同吧！那么这个呼吸安那般那的往来，现在你们要真地认得哦！现在只讲气哦，以四大来讲是风大的修法。

罗汉们的呼吸法

昨天到今天提出的六妙门，释迦牟尼佛他老人家，我们的老师父，他并没有讲。谁讲的呢？是我们的大师兄们，五百罗汉从修持经验提出来的方法，所以要非常尊重。我们研究发现，佛的确有讲过，只不过不是讲那么多，当年时代不同嘛。我常常笑你们学佛很少人拜罗汉，罗汉很值得拜呢！罗汉就是三皈依的皈依僧，他们是出家有成就的罗汉圣僧。苏东坡专拜罗汉，他很懂。

《达摩禅经》里头只提到一下六妙门，不是主要方法，没有详细分析。为什么？这是问题了。现在找根源，佛在小乘《阿含经》里，曾提出安那般那法门。学佛依经为主哦，戒律部分是次要的；论的部分是后代的祖师们及阿罗汉们的经验，更次要。

照佛的原话，佛在《阿含经》提到“息长知长，息短知短，息冷知冷，息暖知暖”。这是他老人家当时传给弟子们的，不过讲“长短冷暖”而已，当年这些大阿罗汉圣贤僧们，以及我们的祖师们，智慧高，一听就懂了，不像我们这样笨。譬如我们现在呼吸，夏天在禅堂，你感觉呼吸气是暖的，但看不见。你到冬天看，尤其在西藏或西北地区，呼出来是白气，看得见的，那是有形有相了。

《达摩禅经》你们去研究，来不及跟你们讲，文字很难懂。尤其用魏晋时代的文学来写，文化程度低一点就抓不出重点。这些大阿罗汉祖师们修行经验流传下来，中间有一段说，息有长中长、长中短，有短中短、短中长，把你头都看昏了，这就是科学了。如果我们正式办一个研究所，就会发现，不要说修行人，连普通人的确都有这个状况。譬如你们病了感冒发高烧，那个呼吸非常粗，非常短。有细菌的叫感冒，中国医学叫伤风。

伤风不一定是感冒，是气候的影响，不一定有细菌的。但是伤风久了，去化验可能就有细菌了。因为停留了一段时间，培养了细菌。医学是这个道理，如果我到医学院上课，会这样给他们讲清楚，不能说伤风就是感冒。不管中医西医都是一样道理，不能把医学弄得像有个界限。空气里头本来有细菌，但是在我们健康时，鼻腔里的鼻液会控制细菌。细菌的传染经过呼吸到鼻腔里，有时候停留一两个星期，如果内部健康的人没有关系，如果一碰到肠胃不好，或者性行为出了问题，或者其他方面出问题，就可能发烧，成为并发症。

所以当你发烧的时候，呼吸非常急促，短中短。若是一个细心的中医，望、闻、问、切。望，一眼就看到脸上气色，是哪里出毛病，是肝脏，是心脏，气色都不同。闻，听到呼吸很短促，已经知道问题在哪里了。老了快死以前，呼吸是短中短，马上要断气了。可是在短中短的时候，偶然听到一个长的，还有救的希望，可以下药来救。现在讲粗的呼吸，你们用功，体验自己内在的气息，有长中之长、短中之短，有短中之长、长中之短，你说这是佛经还是科学？是生命科学吧！

第四堂

自力和他力
怎么念

自力和他力

（大众唱念佛号）

这个念佛法门，就是修净土的念佛，出声开口念，是修持方法的一种。身体坐在这里，嘴巴发声念“南无阿弥陀佛”，思想意念都专一在“南……无……阿……弥……陀……佛……”这六个字上面。下午已经解释过名号的意义，这六个字，六个声音，“南无”是皈依，“阿弥陀佛”是佛的名号，念佛的意义包含了佛与我自他不二。

世界上一切宗教，只有自力他力两条路，自力是自己的力量；有自己就有我，有我就有他，所以有他力。世间法做人做事也一样，靠自己努力的是自力，靠长官提拔朋友帮忙是他力。一切宗教的信仰所谓信，靠上帝啊、神啊，有个主宰，就是他力。所以密宗观想佛，本尊、菩萨、念咒子，都是靠他力保佑。但是，真正的佛法他力也就是自力，自力也就是他力，这就是自他不二的道理。

真正的佛法自他不二，心物一元，一体的，禅宗祖师有两句话，包含宗教、科学、哲学都在内：“十世古今，始终不离于当念；无边刹境，自他不隔于毫端。”“十世古今”讲时间，究竟有没有时间？没有时间，没有过去、现在、未来，永远只有“一时”，这是大科学了。时间是人为的，相对的。

“无边刹境”，宇宙是无量无边，除了地球以外，还有月亮、太阳、火星、木星等其他的星球。宇宙是无量无边的星球，三千大千世界是无量无边的宇宙。刹，代表实际的星球国土。“自他不隔于毫端”，无边国土是一体的，就在前面。所以净土宗跟禅宗最后变成合流了，既是自力又是他力。

当一个人烦恼妄想太多痛苦太大时，佛啊！求你老人家加持我吧！一声佛号提起，身口意三业专一，一念无量的智慧，无量的光明，无量的力量，集中到这一点，这是个精神科学，像一个磁场一样，那个大的磁电一下来，像地心吸力一样，所有东西都吸过来了。因此有环境因素，你在家里也好，或在禅堂上座大声念佛，你就进入一片清净光明的净土。当你开口念佛的时候，身口意合一——眼睛不看外面，回转来意念观自己内在；耳朵不听外面的声音，只听自己念佛的发音，每个字从内在发出来；鼻子安那般那不管了，念佛就是一呼一吸，气归一了嘛；舌头在弹动念佛，身体端坐，寂然不动，“八风吹不动，端坐紫金莲”。

阿弥陀佛旁边有观世音菩萨、大势至菩萨两位“大教授”。我刚才讲的这个念佛方法，是大势至菩萨教的“念佛圆通法门”，可以成佛，自他不二。大家听清楚了吧。当念佛时身口意三业合一，眼睛一闭，心念反观内照，心光照耀，眼前只有一片光明，黑色就是黑光，白色就是白光，黄色黄光，青色青光，红色红光，光色一概不管。这样念佛下去，你自己会进入一片光明清净中，有无比的感应。这是音声瑜珈，配上身瑜珈，再配上意的瑜珈。

怎么念

（师领众念佛号）南无阿弥陀佛……刚才讲过，你念到一半没有气了，你就停一下，心里还在继续念，一口气一口气地念，南无阿弥陀佛……

（师煞板止静）这一刹那你就进入净土，唯心净土，没有动摇的，你身体摇动干吗？又管身体去了，所以知识分子学佛没有用啊。张某某不要动了！不行，再来。开口念，南无阿弥陀佛……整个的身心投进去。（师煞板止静）万缘放下，一念不生，当下即是净土。

刚才我正好上来，听到一位同学在讲念佛法门，很高兴。沙弥跟在我后面，我说不要出声，我们悄悄地进去。这位感觉到我进来，起了分别心了，讲一半就停了，这是不行的。所以禅宗告诉你，“谛观法王法，法王法如是”，真讲法的时候“临机不让师”。因此告诉大家念佛法门，念时要整个身心投进去，所有的烦恼痛苦，所有的思想一概切断，阿弥陀佛一路念下去，自然会到达身心不动。如果家里的环境不能出声念，怕妨碍家里的人，那你自己默念。

默念怎么念再告诉你们，一上座，一闭眼睛，内观自己声音，就是回转来听心里自己念南无阿弥陀佛的声音。鼻子当然不管呼吸了，舌头也不动了，身体也不动，听内在心声发出的南无阿弥陀佛……每个字听得清清楚楚，外面的人听不到。念到最后佛号没有了，万缘放下，一念不生，一切烦恼痛苦没有，感觉也没有，一念清净定下去，这就是念佛三昧，很快得定。

可是知识分子，或一般老油条学佛学的，知道而不肯做，把很重要又很简单的方法轻视了。如果身体不好，事情不顺利，心中有烦恼，你每天早晚两堂念佛下去更好。如果出家有好的环境，可以配上引磬念。让几位出家同学用引磬念一下，听一听，这是靠他力帮忙了。如果没有这个他力外力呢？就靠自力来。学佛嘛！为什么一定仗他力？（大众如法唱诵）

（师煞板止静）所以在中国的净土宗，这样的方法修持是唯心净土，当下一念清净，现成的，不花一毛钱就做到了。可是大家不肯放下，都太聪明，愿意求人，不想求己。你看碰上这个机缘，偶然念一下佛号，自己身心调整到专一，万缘放下，一念不生，当下清净了。你们有人进入这个念佛三昧的不要动，其他的人休息一下。

这几天在这里不要为我的关系而来，你也没有欠我，我也没有欠你，为了你自己来，真的试验试验自己学的东西。如果此心也不静，赶快回去上海，回哪里都可以；没有车子，我马上叫一部车子送你走，免得浪费时间。既然到这里，每个人要为自己。这个禅堂，现在就是你的禅堂，只有现在，没有过去，没有未来，好好体会用功吧，不要在这里听空话，浪费时间。你们晓得我的个性，看到有些人我嘴里不讲，心里烦，何必自欺欺人呢？对不住啊！所以你们既然都叫南老师嘛，这就是做师道的尊严，一概不留情。

我们要回过来讲，这一次要交代你们真修实证的安那般那出入息、白骨观，即身成就的方法。下午讲到要想真修实证，有两个要点，一个是饮食，一个是男女，很重要，还没有详细讲。

第五堂

说风

穿过身心的一切

把思想意识拉住

知性在哪里

说风

释迦牟尼佛教弟子们即身成就，证果位的修持方法，是先由修出入息入手。这一次我们给它下一个批注，先修有为法，是从现有的生命，生理、物理方面入手去修的，很现实的。现在的生命，就是鼻子到喉咙这里，三寸气不在就是死亡，一口气不来就是死亡，所以要从这里开始修。在佛学物理方面讲是修风大，就是宇宙的能量变成空气。这个风是无形无相的，我们大家看到过风吗？没有。你说有啊，风吹到脸上有感觉，那是你脸的感觉耶！那个风的体是什么样子，你不知道。所以《庄子·齐物论》描写宇宙天地的大气，碰到小孔有小声，大孔有大声，他描写得太闹热了。这个不是风的相貌，庄子没有骗你，他讲的就是这个气。所以第一篇《逍遥游》就是讲气化，宇宙物理的变化；《齐物论》也告诉你这个气的重要，都是气的变化。

风是无形无相的，我们感觉看到风的动貌，那并不是风的本身，而是风的功能所发生的作用及现象，一般都错认这是风。像我们现在坐在这里有风吗？没有风。你感觉到没有风吗？你皮肤外面、脸上都感觉到有一股气流在走，就是风啊！所以《楞严经》佛就说得非常彻底，“性风真空”，风的本体本性无形无相，没有东西，而是能量，同电一样；电也就是风的变化，本来空的。

“性空真风”，风因为空，发生作用千变万化。尤其《庄子·齐物论》讲那个风是“吹万不同”，万种风的现象，它在吹，显出的现象有一万种，千变万化就是一个能量的关系，所以叫风。“性风真空，性空真风，清净本然，周遍法界”，风的最后那个能在哪里？在虚空吗？在太空里吗？都没有，它本来清净的。本然是自然都存在，无所在无所不在。我们前面没有风，你自己把手在前面搧两下就有风了，它的本身“清净本然，周遍法界”。法界不是宇宙哦，法界是佛学的名词，包含整个宇宙，因为宇宙还是物理世界的观念，法界超越了物理世界。

那么我们怎么觉得有风呢？“随众生心”，你心念跟它配合了，你自己的主观意识起来“应所知量”，科学家研究能、研究电，到今天世界上科学的文明，精密的科技靠这个电能，电就是风“随众生心，应所知量”的量变。现在物理学讲量子力学，今天科学家已经研究到本能的量变，相应你的所知量。“循业发现”，风无相无形，跟着人的思想观念研究，讲有电有能量有风，依循你的业力思想改变，产生了科学哲学。“宁有方所”，宁是哪里；方是方位，哪里有个固定空间呢！

《楞严经》讲物理世界地水火风空，最后的结论，“随众生心，应所知量，循业发现，宁有方所”这几句话最重要。换句话，地大、水大、火大也是同样的道理。你把它配合科学，不管时间、空间，如果一定讲有一个主体的东西，都是观念的错误。你看这个道理释迦牟尼佛几千年前都告诉你了，可是，我们有这样宝贵的文化，自己不晓得去发现，去挖掘。如根据佛经，这几句话懂进去，再研究物理科学，不晓得能发明多少伟大的东西！

为什么发明东西呢？发明东西是什么呢？就是佛经一句话“循业发现”。这个世界上有一个苹果，苹果熟了掉到地下，掉了几千年也不知道，碰到一个姓牛的老兄牛顿，一下子发现了地心引力。地心的吸力是从牛顿的“循业发现”来的，它本来存在的。“宁有方所”，它没有固定的方位。所以我常说，你们不要搞错，以为佛学迷信，自己不懂又乱去批评才是迷信！你做工夫，道理不懂也是没有用啊，也是迷信啊！所以，佛法也是个科学。

穿过身心的一切

我们讲修安那般那六妙门的方法，还是很粗浅的一步，佛学有一个名词，必须要懂，这又是一个大科学来了。也许大家是清醒的，我是糊涂的，也许大家都糊涂，我是清醒的。佛经上告诉你有一个名称，小乘说得更清楚，但是讲理论的这些佛学家不注意的，叫“十一切入”。尤其你们讲修行，修安那般那你更要清楚了。不要念错哦，念成十一、切入，那就不对了。十，有十种精神、物理的功能，心物一元的。一切入，任何地方，它都会透进去穿过来的。所以叫十一切入。是什么东西呢？青、黄、赤、白、地、水、火、风、空、识。

青、黄、赤、白是色相。现在天黑了，你走出去看看天空，我们普通讲夜里是黑的。你错了，你没有科学的眼睛，不懂光学。夜里不是黑的啊！是青的，深青的。没有一个真正的黑，就是太空里的黑洞也是深青色。太空有没有黑洞？我几十年前讲一定有，存在的。有些科学家不承认。我说我不是学科学的，我讲有就没有人听，现在那个霍金一讲有，大家就说有了。赤是红色的。这个里头要研究色了，大家在中学里读过，颜色分红、橙、黄、绿、蓝、靛、紫。紫到最深就变成青黑了。你注意哦，没有黑，没有白，怪吧！把所有东西集中在一起就变黑了，变白了，黑白两个是另外哦。红色久了就变橙色，再变一变就变黄色，慢慢在变化，这是属于化学了。

所以十一切入，青、黄、赤、白四种色，怎么变出来的？是地、水、火、风、空五种物理作用的变化。最后一个识，是心理，精神的，这个不属于物理的，这样懂了吧！我们这些同学有的也讲哲学、佛学的，根本没有好好研究，也没有看经。普通上佛学院，老实讲在学校里混一混，概论也没有读完的，就算是什么学者专家了。读书要很仔细的才行。这十种东西，十分之一是唯心的，就是这个“识”是唯心的，青、黄、赤、白、地、水、火、风、空，都是唯物的。

注意！这十种是一切入，你在这里打坐，你的身心内外，整个宇宙，一切都穿插进来了，都穿过你的身心，这叫十种一切入。乃至钢板，乃至太空舱，什么都挡不住的，一切处都透入。譬如我们现在这个建筑有墙壁，你说有挡住吗？没有，地水火风空一样透过来。所以我们身体为什么衰老？是受物理的侵蚀变化，都透进来了。你在这里打坐，做起工夫来有境界，是不是受这个物理的影响干扰呢？可惜这里没有真正研究佛学的人，有的话我就问他。

我们前天还讲过十二因缘，我说你们注意哦，十二因缘还背得来吧？我帮你们讲，无明缘行，行缘识，识缘什么？名色。神识入胎，和精虫卵脏结合，那个叫名色。名是概念、理念、精神，色是精虫跟卵脏配合一起的变化，所以叫做名色，不叫做胎儿。名色以后是六入。释迦牟尼佛好奇怪啊，佛经上明明讲六根对六尘，眼耳鼻舌身意是六个官能，色声香味触法六尘，为什么十二因缘里，偏偏不叫六尘叫六入呢？问题来了吧！这就是科学头脑，研究学问的头脑。为什么讲生命那个识缘名色，名色以后不叫六尘，叫六入呢？当胎儿三缘和合形成人的生命，它这种物理的功能，都透入进来了，所以叫六入，这一下懂了吧！你看佛的科学多高。厉害吧！不是我厉害，是佛的厉害。你听了应该有个震撼的。

六入以后缘什么呢？触。触缘什么？受。触受就是你的感觉就来了。所以感觉的状态，所有身心的状态，都是物理的作用，可是人被物理世界骗了。有了触受以后缘什么？就爱了，越爱越抓，爱名、爱东西、爱漂亮、爱儿女家庭。所以爱以后就缘取，拼命抓。取缘有，现实的世界就是有，活着叫做生命。生命最后呢？衰老。老了以后呢？死。死了以后无明再来，这样懂了吧！你看我们本师，这位大老师的厉害，几千年前他就把科学的观念告诉你了。可是几千年前没有这个科学，大家不懂，所以他老人家想办法让后面的人懂。

把思想意识拉住

懂了十种一切入，你修行打坐，为什么还管你的气呢？叫你先认识自己出入息，一进一出，你把心跟呼吸配合。思想跟呼吸，这是两样东西哦！从生命投胎以来就分开。你看这个生命活到五十几，虽然老了，但永远很规律地呼吸。可是很多人活了几十岁，根本不晓得呼吸是什么！你没有管耶，你只是那个第六意识思想在乱想乱跑，是不是这样？佛学有一句话，就是把向外驰求，像野马一样乱跑的心，用一条绳子，用自己生命这个气（风大），把它拉回来配合到一起。

怎么拉呢？你不知道拉，他告诉你先要“数”；气一进一出数一、数二。其实这个时候有三个心在用，你知道“数”是心的投影，那个心跟气配合为一，一个心在用嘛。旁边还有一个影子在看自己数对了没有，两个影子在旁边看住了，都是自己变的。后面，还有个监察的作用在，哦！这一下我没有乱想，完全数对了。你看这个心的厉害。所以庙子上塑的菩萨四个面孔。四面自己都看到了，佛像就代表你的心，我们心的功能同时四面看见。所以那个沙弥十几岁跟在我旁边，放学回来问我，太老师啊，那个心有几个啊？我说很多耶。她说是啊！真的啊！我一边做功课，一边想那个电影。我说对了，岂止是两个在想，你七八个都同时在想。她说：对哦！

这个心在同一个时候是多用的，你要拴拢来归一，归到呼吸上来，只有一个东西是不动的，拿现实的生命讲是知性。我现在在讲话，你们大家在听话，是不是有一个知道我在讲话、你在听话的？这个是知性，是不动的，它都在。譬如我们在发脾气，骂这个混蛋。你一边在骂人的时候，有没有一个知道我在骂人发脾气的？有没有？有啊！这个“知性”没有动过，它没有发脾气耶，可是你知道在发脾气耶！

知性在哪里

有人自杀吃安眠药上吊的时候，你说那个知性知道自己现在在干什么吗？当然知道。你要死的时候知道不知道自己要死了呢？也知道。哎呀！我好痛啊。人家问：你讲话啊？我讲不出来，要死了。他那个知性没有动哦。

这个知性在哪里啊？现在科学说在脑，是吗？有案例证明不在脑。我们这里就有两个，某人跟人家打架，钉子打到脑里这个头骨切开过。还有一个女士，打开脑子，有一个瘤拿掉了。这还是好的，还有人把脑切掉一边，他同样有知性！那个脑已经一部分拿掉了，怎么还有知性呢？现在医学试验，单独抽出来一个细胞，可以变成人。请问这个细胞有没有知性？我们的指甲在身上，你指甲长了，碰到一个东西，指甲这里痛不痛啊？痛。你把它剪了，丢在地下，石头砸它痛不痛啊？你说那个刚剪下的指甲不痛吗？你怎么晓得它不痛？可是连在你这里你马上知道痛。这就是学佛，这就是做工夫的问题。

所以我当年研究唯识，有一个教授，他说老兄我问你，蚯蚓或者一条蛇，你用快刀把它砍成三段，这三段都在滚动，哪一段里头有心性？当时我只有二十几岁，我说三段都有。他说你老兄怪了。我说有啊，三段滚动的时候有。他说那你说明心见性那个性是分段落的吗？我说没有分段落，周遍圆满，无所不在。那个蚯蚓、蛇被砍成三截，三截都在滚动，那不是性耶，那是能量发动的那个功能，这个叫业力，叫“余力未尽”。当时我年轻气盛，他说：嗯！老兄，佩服了。我说我也不懂，不过我们年轻人会想而已嘛！

譬如人要死的时候，把眼睛、肝脏捐给人家，一口气还没有完全断，赶快把器官切下来，冷冻送出去那边接上，那是第八阿赖耶识余命的功能未断。你说我们把自己身上快刀切一块肉丢在那里，那个肉在盘子里还在抖动，可是我们脑子里感觉到自己痛，没有感觉割下来那块肉痛啊。这是问题，你以为研究佛学用功那么简单啊！所以叫你们念佛，有人说迷信。你才迷信呢！什么都不懂，什么也不知道。所以今天晚上叫你先懂十一切入，慢慢使你们知道有一个知性，它在那里永远不动。

我要请问了，当我夜里睡着了，无知了，对不对？那时知性在哪里？在啊。你夜里睡着了，你睡得打呼，我在楼上叫某某起来，我到你那里很远耶！你会自然知道，哦！你叫我啊！所以我就笑他们，一般学唯识、学密宗的讲第六意识在脑里头，第七识、第八识在督脉，在背脊骨神经里头。我说你们搞什么佛学啊！你看玄奘法师的《成唯识论》，还有弥勒菩萨的《瑜伽师地论》，明明告诉你第六意识不在身体，脑的感觉属于前五识的身识。换句话，我们普通人站起来，两手打开，这样一圈，第六意识这里都有啊。所以你坐在这里，有人走过来，你也有感觉了。第六意识不在身上，可是它一切入，透入你身上，也透进你脑里头。

今天晚上告诉你们一切入，告诉你们好好念佛。所以我告诉出家同学，庙子里不一定讲准提法，好好提倡禅净双修，一边参禅打坐，一边好好念佛，那就会很快成就。刚才晚上一堂念佛，你看多好啊。

第六堂

出家僧众　居士菩萨

秘密中的秘密

真正的修持——十六特胜

进入初禅

出家僧众　居士菩萨

现在说一个秘密，关于佛说的修行法门安那般那，我下午提出来，你们读书不多，研究佛学也没有真正信佛。信佛不是迷信，出家人早晚课都念三皈依，皈依法，要深入经藏，智慧如海。佛在世的时候，《金刚经》上说有“千二百五十人俱”，这是佛弟子的常随众，永远跟在他身边。他也够烦的，大家也没有仔细去分析研究。这一千多人，有许多年龄比他大，我们讲句笑话，对他老人家不恭敬，都是“兼并”来的。他悟道以后，三十一岁就出来说法，有那么多人跟着他。舍利子比佛年龄大，他跟着佛之后，他的学生一百人都跟过来了。目连尊者也有一百个跟他的学生，还有三迦叶兄弟，不是禅宗祖师迦叶尊者，他们年龄都比佛大，也都是印度当时的大师，共一千个弟子一起都过来了。还有耶舍长者子五十个学生，也都是师父带过来皈依的。可以说他一千二百五十个出家比丘，常随众，都是带艺投师的，都是学外道，学神通，大学问，有工夫的。有些有神通，在虚空中走过来走过去的。

这是讲出家众。在家呢？菩萨大都是在家的。所以有些出家人反对居士，我说你搞清楚，四大菩萨及一切大菩萨多数是居士耶！你们拜菩萨为什么不拜居士啊！算不定我这个居士也是个菩萨！可是你要拜我，我还不高兴呢！我还不是菩萨，不想让你拜，你一拜，我就赶快拜你。因为你还没有资格拜我，我肯接受你这一拜，很不容易哦！这是讲笑话。

秘密中的秘密

我们回过来研究，为什么当年跟着佛的人，当下证果得道，证阿罗汉的很多，他教的是什么东西？除了智能上悟道以外，这个工夫一下就到达，是什么原因？我研究过，讲了半天离不开禅定，禅定的方法总有个入门的。除非智慧很高的，像中国禅宗的六祖一样，叫做上上智，头等头等人。世界上有几个头等啊？何况头等中的头等，那找不出来的。他们当年都是上上智。现在人学佛学了三辈子，还没有影子。所以我告诉你，我遍学了一切外道，遍学了一切道家、密宗，一切方法等等，发现都有问题。

究竟快捷的路是哪一条？只好回过头来再找佛经，看来看去还是安那般那、白骨观。奇怪，为什么安那般那、白骨观那么简单？原来它秘密里头有秘密。我当年为这个，有时候搞不清楚，就哭啊流泪。我的命怎么那么不好？没有碰到佛在世，向谁去问呢？学道的人太多了，每当听人说他那个师父有神通，活了几百岁，我听都不要听，都是鬼话，若跟他去，会上很多当。“哇！我那个表哥的师父，两百五十岁了，真得道了。”“好，去，去。”去了以后找到表哥，“哎呀，你听我表弟乱讲，我没有见过，是我舅舅见过的。”好，一起去找你舅舅。东找西找最后没有影子的。上这一种当，我上得多了，可是本身不经历过，你不知道啊！

这本《达摩禅经》，这个达摩不是那个禅宗达摩祖师。达摩两个字是总称、总论，等于写博士论文，综合一切祖师们修持的经验学问。可是佛陀跋陀罗在中国译出《达摩禅经》，也成功了，他的徒弟慧持法师，我给你们介绍过的，在树洞里坐了七百年的那位。他同佛陀跋陀罗，和达摩祖师，都是同门的。

这本书你不读百遍千遍，看不出来。我每次读这种书，有时当小说一样，虽然形式很随便，内心是无比地恭敬在求，你总要告诉我一个消息吧！后来看出来了，《达摩禅经》有消息，秘密都留在里头。

真正的修持——十六特胜

六妙门，是个初步的入门。真正修持在佛学的名称叫“十六特胜”。记住哦！有十六条原则，是特别特别的方法，秘密中秘密的方法，好得没有再好的方法，佛学用一个名称叫“特胜”。拿现在名词来讲，战略上特别容易胜利的，大统战，最高的统战，都把它综合了。千万记住，这个里头东西多了，除了这个入门方法，数息、随息、止息、观、还、净，大概讲了以外，不要被《小止观》这些书把你瞒住了。祖师们没有骗你，很慈悲地告诉你，但是后面真实的部分，也许怕一些众生福报智能不够，所以没有讲明白。六妙门是最基本的，你要先懂十种一切入，再懂十六特胜，记住！

一、“知息入”，二、“知息出”，进来知道，出去知道。所以修安那般那，我昨天讲了，问你们夜里体会没有，没有一个人答复我的。你呼吸进来出去，完全搞清楚没有？这很重要的，你不要当成开玩笑，把这七天在这里当做好玩，你辜负了自己，也辜负了我。

三、“知息长短”，随时随地自己呼吸一进一出，晓得长短。这一句话就是问题了，什么叫呼吸长，什么叫呼吸短呢？你说吴某那么高，我那么矮，那么吴某的呼吸进来特别长吗？我的呼吸会短一点吗？怎么叫知息长、知息短呢？所以要观察你自己。有时候身体不好，呼吸进来出去，你觉得只到喉部、胸部这里，肠胃都达不到。像那个女孩子，打坐时呼吸会达到丹田、小肚子，甚至这里有一两个同学，可以达到脚底心。呼吸的感觉，知息长短，对风寒燥热的感受，你静下来当场测验，已经知道自己健康不健康，有没有问题。知息长短，你要搞清楚主体在这一个知性上，不在息上面。这个知性刚才已经讲过了，身体每一个细胞，内外都普遍的，不一定在脑子里，而是无所不在的。

如果知道息的长短，你可以测验身体了，先讲到这里，你们大家自己去体会。不要故意的哦，不要故意去练习呼吸。佛经告诉你，知息入、知息出、知息长短，这里把那些佛经归纳，知息长短，配合上你的修持了。对于饮食男女，要严持戒律搞清楚。

第四“知息遍身”，密宗的三脉七轮，中国医学十二经脉，是直接从身体的内部感觉知道。遍身，就是每个细胞，到哪里都很清楚。这个时候不要给一般的佛学骗了。哎呀！这个“知道”是妄想嘛！要四大皆空嘛！那你就完了。换句话说，你这个时候是“明知”，不是“故犯”，随时要明白知道，你们这样修持下去，只要第一步、第二步、第三步做到，你们身体精神永远保持健康长寿，头脑是清楚的，事业就顺利了。

知息入、知息出、知息长短，你把这三个先测验好，如果达到第四步知息遍身，你的知性是没有妄想哦，若有妄想，用六祖的师兄神秀的偈子——“身是菩提树，心如明镜台。时时勤拂拭，莫使惹尘埃。”任何妄想起来，不要妨碍知性，都把它丢开了，知性则存在。你一边做工夫，注意呼吸，一边也知道自己妄想来嘛，你不要管那个妄想，只管这个息。

工夫做到知息遍身这一步，你的变化，用道家讲的四个字“祛病延年”，一切病都好了，包括癌症在内，包括死亡在内。你要知息遍身，晓得息到达每一个细胞，就比较可以长寿，慢一点衰老。至少我现在在桌子上也打坐给你们看，我还可以动作很快做给你们看。为什么我这个年龄还这么轻便呢？知息遍身。

到了第五步“除诸身行”，不得了了，你已经把身体的障碍完全打通了，没有身体的感觉，身体跟虚空合一了，这是真实的工夫哦。你看这四个字——除诸身行——灭除身上一切的障碍，都打通了。

进入初禅

到了除诸身行以后，才进入禅定的初禅受喜、受乐。初禅是离生喜乐，如果身体都没有调整好，你说四大皆空，你怎么去空啊？你到了除诸身行的时候，可以吹牛，有一点像四大皆空了，才达到初禅的受喜、受乐。你们这些喜欢玩聪明的，不要玩聪明了，工夫不是你吹牛吹得出来的。

这一次明白告诉你们，把秘密都揭穿了。初禅是心一境性，离生喜乐，这个定境界来了叫做禅定。这个离是什么？身跟心两个分离开了。这个时候的乐感不是男女做爱那一种快感了，而是全身细胞都是乐感，发乐了，大乐在脑哦！平时头部会昏昏的，这时整个的脑得大乐了。我们普通的乐，欲界的乐都是男女生殖系统的乐，到初禅是脑子的乐。

今天先讲了这一部分，晚上大家好好把十六特胜背来，先去体会，知息入、知息出、知息长短，心拴不回来的用六妙门。现在全世界讲修禅、打坐、做工夫统统在六妙门的数息里头转，你说这个差得多远啊！下面越来越重要了，慢慢讲。现在你们本子都记了，你在脑子里也要记住，然后你一生的修持不用问人了。这十六特胜并不是一步一步上来，是穿插的，明天再讲了。

第五日

第一堂

儒家修行之路

佛号与咒语

禅净双修

这个时代

修念佛法门的方法，很粗浅地说就是念阿弥陀佛的名号。念完了这一声阿弥陀佛，身心一概放下沉下去，沉到虚空，这是修净土念佛三昧的方法，非常之好，而且是禅净同修之路。在我们来讲，这也是中国儒家文化。

儒家修行之路

曾子著的《大学》讲，上至皇帝，下至普通任何一个人，都必须自修内养之道。“大学之道，在明明德，在亲民，在止于至善。知止而后有定，定而后能静，静而后能安，安而后能虑，虑而后能得。”这是几千年的文化传统，我们十一二岁都背来了，是儒家正统的修行之路，在佛法没有来之前就有了。所以当佛法传过来，翻译禅定这个“定”，是采用《大学》里的，是中国传统的文化。现在我们中国人的教育，自己把它丢掉了，不止断层，是连根挖掉了；不过没有挖完，还有我这个老兵在。

这几步是修行的功夫，“知止而后有定，定而后能静”，止做到了，这是定，包括我们这几天讲的修持。定而后才真正进到静，静的境界工夫做到了才是安。所以大家坐在这里搞了四五天已经了不起了，我都佩服你们。在我的想象中，右排这几个当代年轻的大英雄们，我讲大英雄是给他们戴高帽子，原以为他们坐不住，是玩玩的，两三天就会跑了，结果竟然安定下来，很不容易啊！可是他们这四五天也很勉强，心没有真正的安。“静而后能安”，一步一步工夫，不是读了就知道的，有些人玩聪明，认为读了就办到了。

你注意“而后”两个字，是指一步一步工夫做到。“安而后能虑”，认为虑好像是思想、思虑，那就错了，虑就是佛学讲智慧般若，能虑就是能够生起智慧来，由定生慧。虑而后呢？工夫做到了，则“能得”，得个什么？是倒过来，大学之道在明明德，得到明德了。“物有本末”，任何东西都有根，有顶尖，本是根，末就是顶尖。这是中国文化传统，从皇帝起到每一个老百姓的基本教育修养。“事有终始”，你要做内圣外王之学，内是圣人的修养，外用可以治国平天下，都要先从这里学起。

“知所先后，则近道矣”，人生自己的修养也好，全体人民人类的教育也好，其根本就在知止。知止很难，是止在一点上。我刚才上来，听到诸位在念佛号，共修跟单独自己修力量不同，共修有互相的感应，有共鸣的作用，互相影响。所以在外面听到无比的庄严清净！左右都念，自己也不好意思，只好跟着修行，心不静也冒充静了嘛！这是共修的好处，但是要有共修的环境。

所以我感叹，政府花了那么多钱办小学中学，孩子一进学校就要住校集体生活，需要明师的带领，共同的影响。进学校先养成到社会怎么做人，怎么生活。像我们七天在这里，这里也是一个社会，三个人以上在一起就变成一个社会了，社会主义嘛，共同的利益，共同的目标，共同的生活；真正民主的重点，必须是共同的需要，共同的修养。那么我们刚才的方法呢？是讲共修念佛，走修证之路，念阿弥陀佛的名号，也靠阿弥陀佛的力量加持我们，西方人叫做祈祷。我们不是用自心去祈祷，是心跟佛合一，念佛的名号，心就宁静下来，这就是定，就是止。

佛号与咒语

所以净土法门念一声佛号，叫做“三根普被”，这句话是最大的教义，也是佛教最重要的，大家却很轻视。哪三个根呢？第一等聪明的人是上根，就是昨天我引用孔子讲的“生而知之”的人；第二等“学而知之”的是中等人；下根是最笨的人。上中下三等，三根普被。不管你高智慧或最笨的人，念一声佛号，心一静，什么魔啊鬼啊，当下都宁静了。不然你们可以去做个试验，养一只猫，或一条狗，这些动物在动得很凶猛的时候，你静静站在前面，看着它的眼神，你的心进入它的心里头，念南无阿弥陀佛，它就安静下来了。

我以前的一个老学生，就是朱文光博士，这里老一辈的都叫他师兄，他是台湾人，他跟我最早，死得也最早，学农化的，美国留学，既学佛又学道。我吹牛给你们听，他真是大科学家，虽然学农化，什么都懂。他有科学问题解答不了的就跟我来讨论，开始做试验，讲了很多东西。有一个阶段，他测验念佛、念准提咒的功效，把稻子、花木种两排，用念过咒子、念过佛的水浇一排，用普通的水浇另外一排。两三个月比下来，发现用念佛念咒子的水浇的稻子、花木长得非常好，比一般好了两三倍。他说开口对着那个水念大悲咒或准提咒，或念心经，或者念阿弥陀佛，效果都不一样，水的分子跟着变化。开口念和用意识默念，又是两样效果。

你们没有经验，大概古道有点经验吧。像我当年在峨嵋山上闭关，山上三年把人世间一辈子的清福已经享完了。所以我说我这一辈子的福气从此没有了。你们以为做官发财的有福气，在我看来没有福气，真的福气是清福。在那个峨嵋山顶，到了秋天九月十月之间，已经大雪封山了，上山是不可能的，没有人可以走路上来的。要从山顶下来除非是滑冰下来。也有些和尚师兄弟们，屁股上包个大草席，拿两个手棍，从山顶上“哗”，一路滑下来，那真是万山冰雪。

我那时享尽清福，每夜的月亮都看得到，不管弯弯的眉毛月，半圆的月，圆满的月。看到上空都是蓝天，加上万山冰雪，四周上下整个是水晶琉璃世界。尤其夜静更深，不要说人看不到一个，鬼也看不到半个啊。那是冷得很哦，冷到已经不知道自己冷不冷了。就在那个时候朗诵一声诗句，或者一声南无阿弥陀佛，整个大地好像都在震动。现在我们大家在座的都住在城市中，红尘滚滚，多少烦恼。但是，自己回到小房间，乃至有一个小地方坐下来，眼睛一闭，算是自己死掉了吧！什么都不管，心中南无阿弥陀佛一念，同山顶的境界是一样的清净。

禅净双修

南无阿弥陀佛六个字，实际上“南无”是皈依，阿弥陀佛是佛的名号，意思是无量光、无量寿。它是真正的大密宗，也是真正的禅宗。宋朝禅宗大师永明寿禅师，浙江余杭人，是一个将军出家的，学佛有成就，学问又好。有一部中国最伟大的佛学《宗镜录》是他带领的著作，影响中国文化千多年。所以有人说学佛没有一部基本概论的书时，我说你先去读《宗镜录》，它就是个佛学概论。永明寿禅师悟道以后专门提倡念佛，他的道德行为影响了宋元明清一直到现代。他有几个偈子非常好，你们出家的同学应该都记得，“有禅无净土，十人九蹉路”，你们打坐修行学禅，不晓得连带修念佛法门，修啊修啊，修错了，因为自己智慧不够；第二个偈子“有禅有净土，犹如戴角虎”，一边打坐修行，一边念念佛，好像很厉害的老虎又生了两个角；“现世为人师，来生做佛祖”，他一生提倡禅净双修，我只抽他几句偈子讲。你们出家同学应该背来。而且我还常劝你们出家同学，除了修准提法以外，好好提倡禅净双修，可是没有一个人听话的。像那个法师，我传了个准提法，他就拼命教人修准提法。所以你们都叫我老师，我只好笑。

你们这些人在散乱中搞惯了，还能坚持五天下来，是多大的牺牲啊！我很佩服。因为我知道你们，这是多么难能可贵，所以值得赞叹。但是这一次六七天的经验，不要回去受到环境影响就变了，那就不行了。有些同学跟我在这个环境也好多次了，要是都像在禅堂一样一贯下去，三年五年七年没有不成就的。可是做不到，离开禅堂回去就不是这样，受环境影响动摇了。然后说老师啊，真没有办法，外面的事情忙。我说对啊对啊！实际上我嘴里跟你讲对，心里在骂你，没有本事，修行一换环境就变了，那怎么叫修行！

尤其年轻的同学，从大学开始起搞这个到现在，一辈子没有成就。不但是自己内养没有成就，学问也没有成就，事业也没有成就，吹牛也没有成就。有啊，有个人在外面说是我的传人，到处骗人吹牛，骗人有成就没有？也没有成就。所以吃饭时，当众骂他靠佛吃饭骗人。他一边流着鼻涕眼泪，是！是！一边看着前面的菜，问是牛肉还是猪肉啊！我写信骂他，他把我的信裱起来，挂在前面：你看，老师在骂我，他没有写信骂别人吧！可见我是他的大弟子。你说有什么办法？真可惜啊！几十年我说半个人都没有，不要说整个。

这个时代

其实这一堂课是感慨，感慨什么呢？我讲件小事，也是大事。我笑沙弥，我说：这个地方，开始不是谢老总来垦泥巴不行，垦下来你盖房子，现在来试用一下，样样觉得都还好。当然你也不懂，硬叫你来干这个。虽然吃了那么多的苦，受了那么多的气，一两年当中有这么一个地方，你还是了不起。我还问，大家在这里住，每一个房间，用的东西对不对，赶快集中意见，下一次再建的话，可以改善。

先跟你们闲谈一下再讲正题。我们这里有一位朋友何先生，他对于国家民族文化教育热忱得很，我说将来中国前途，他们年轻后代是有希望的，但是要靠自己，不是靠教育了，现在这个教育大有问题。我就想起古人两首诗，我经常引用的，也是我的一辈子的写照。

雨后山中蔓草荣　沿溪漫谷可怜生
寻常岂藉栽培力　自得天机自长成

“雨后山中蔓草荣”，他说山里头，等于我们庙港这个地，原来是荒郊，谢老总来开始开垦。他说大雨以后荒山里头那个草，得了天上的雨，自己生出来了。“沿溪漫谷可怜生”，这些草没有人培养，这些树木是自己成长的。“寻常岂藉栽培力”，寻常就是平常，藉就是依靠，没有靠哪一个提拔，没有靠哪一个帮忙。“自得天机自长成”，我从年轻到现在，常常感叹，自己的一生也是这样。比如这三位老板，做生意的许多人，或者做事业的等等，都有这个感慨。

我回到大陆以后，看到这一代，二三十岁，三四十岁的青年，包括你们四五十岁的几个，都是自己成长出来的啊！都是一样的可怜，“沿溪漫谷可怜生”。“三反”“五反”以后，一毛钱没有，自己怎么干上来的？“寻常岂藉栽培力，自得天机自长成”。好可怜啊！所以像有人说要叫谁来帮忙我啊，都不要，我们都“自得天机自长成”啊！要是人家不要我们长成就算了，做枯草烂草算了嘛，这是菩萨发心。第二首：

自少齐埋于小草　而今渐却出蓬蒿
时人不识凌云干　直待凌云始道高

这两句诗对于现代的社会、文化、教育、人生，是很悲观的。人贵自立，要很努力自己站起来。“自少齐埋于小草”，他说一棵大树根苗，跟小草一齐生长。“而今渐却出蓬蒿”，从小看不出来，现在慢慢长大了。“时人不识凌云干”，时人，当时的人，看它是个小草嘛，理都不理。“直待凌云始道高”，一直等到这棵树长得冲上云霄了，大家就说好伟大的树啊！所以任何伟大都是从平凡中来的。

现在我不是讲哪一个人，我来禅堂以前还在跟沙弥研究建筑。这里建筑还没有完成，是刚开始的初步；还有很多要做的，真做一个大学堂，科学、哲学研究室，宿舍，什么都还不够。她说怎么办？我也不知道怎么办。我们两个一老一少在讲，走一步算一步吧！“时人不识凌云干”，世界上的人看现成的，不看你前面怎么努力。修行也是一样，出世法，入世法，做人做事都是一样。

所以这两首诗我们从小背来，我一辈子都当做自己的鞭策，做事情不求人知，只问自己该做不该做。所以儒家的道理就是“理所当为”，应该做的就做了，不管一切。也就是昨天引用禅宗祖师讲的“龙衔海珠，游鱼不顾”。这些是是非非，同那些障碍听都不听，那是空话，没有用的，做出来才是真的。这是刚才听到念佛一路有的感想。你看人的思想那么转，转了一大圈又转回来。

这两首诗也是偈子，你们每个人可以拿来安慰自己，勉励自己。譬如讲庙港这块土地，我平常讲，我平生最后悔的是庙港的事，不应该动念头建这个地方，动了以后，自己搞得很痛苦，我最对不起的就是这一件事。中间大家这样那样，我一听都是笑话空话，不理。

这地方如果等到完全弄好，还要等一两年以后。这一次突然一念，翻开日历一看，今年又去了半年了，阴历六月初六，阳历七月一日，会计年度刚开始，所以几天以前告诉他们发出通知，就硬来测验一下，不硬上就上不了。但是这里什么管理都没有，后来忽然想到有一位女士，打个电话她就赶来了，一切就这样匆匆逼出来的。当中宋君还找来管理的人帮忙，这都是讲世法的事。大家五六天下来一看还可以，初步的试验不错，真要达到教育的目的，对社会作贡献，还远呢！前途万里才刚刚踏出第一脚。

第二堂

知是什么

吐故纳新

五行气

继续昨天讲安那般那的修法，用这个方法修禅定，即生成就可以证果。其实讲实话，我还真怕讲了白讲。但是另一个观念，还不一定给你们讲，还有很多众生在听，很多比你们高明的需要听。关于“十六特胜”，现在先说这个佛学的名称，是释迦牟尼佛以后这些大弟子、大阿罗汉们，综合修持的经验，是很重要的法门。修气、修脉、修安那般那，是由风大入手修，先了色身的四大，然后再证入到阿罗汉的果位。这是即生成佛的路，很深。

知是什么

首先昨天讲到五个重点，知息入、知息出、知息长短、知息遍身、受诸身行。这包括了大小乘佛法，修四禅八定，也包括了现在修密宗的红教、花教、白教、黄教。我是照次序来讲，这是整个修气脉，即生成就的方法。因为内容太多了，先了解知息入这个“知性”。

这一次我告诉大家的题目，你们还记得吗？这次的题目“禅与生命科学的认知”，很严重哦。我也笑自己这个牛吹大了，这不只是一个题目，是多少个题目综合在一起的！认知是认知科学，生命科学是生命科学，禅是禅，禅又包括了禅定与禅宗、见地与工夫，这里头内容太多了。给你们诸位这些老油条讲，所谓老油条，就是老参菩萨，永远在那里参。丛林下那些老修行，当有人说你这个老参菩萨，听起来恭维得很，其实就是老油条的意思，参也参不通的。

佛学上说，不要起分别心啊！普通说学佛不要打妄想啊！一般学佛的人，都认为得定好像是坐在那里，一万年都不动才算了不起似的。我说我前面这一条石头牛，不是坐了多少年都不动吗？它还是牛啊！当年我学佛时，大家都叫我大师兄，他们问问题时，袁先生就笑，叫他们问我。他们问怎么叫做无妄想？怎么叫做不起分别心？这是大问题。我说不起妄想，不起分别，请问成佛了以后，佛有没有起妄想？起不起分别？当然起！他开口一说法，都是分别。

知性这一知，并非最后的究竟哦！见闻觉知有四个作用。见，不是用眼睛哦，要搞清楚。我们闭着眼睛有没有看？也在看。看到什么？看到一个什么都看不见，但是你还是在看，这也是看哦。闻，就是听，你听到完全没有声音的时候，乃至睡着了，什么都没有听，实际还在听，听那个没有声音、听不见的声音。觉，感觉，你睡着了有没有感觉呢？有啊！你醒来才知道刚才睡得好舒服啊！事后方知和当时有些差别而已。知，知道的知，有一个知道不知道的知，知不知是知之至也，到了极点。知道那个不知之地，跟你们讲，那是属于般若，太高了。

再提醒你们学佛的，这个知性不是第六意识的分别作用。知没有分别哦，因知而起了许多的分别，这是个大科学、大哲学、大逻辑。所以这一知比什么都厉害，到般若境界，直到无知之地。所以鸠摩罗什法师的弟子僧肇写了《肇论》，影响了几千年，有一篇叫《般若无知论》，知不知是谓知也。佛说过，孔子、老子也说过，都从“一知”的知性入手。

现在大家当场要体会，譬如我讲话你们听话，谁在听啊？知性在听。先不讲科学，先不讲脑的反应，就讲普通的吧！你一边听我讲话，一边还在思想，第六意识还在里头分别——老师讲这一句什么意思，那句什么意思，也会记录，这是第六意识的分别心啊！不是你那个知性。但是“知”道你自己坐在这里，也知道气候舒服不舒服，身体流不流汗，同时也知道自己在分别，这一知包括很多了，这是唯识所讲的五遍行。

五遍行，作意、触、受、想、思，这五个作用无所不在，跟知性也有关。换句话说，作意也是知，知也有作意在内。这叫五遍行，随时都在，过去现在未来，甚至你死后都在，做梦也在，变成灵魂也在。怎么了这个五遍行？就是怎么转过来这个知。换句话说，知是什么呢？知是意，意识思想。现在才跟你们漏一点点认知科学，那都在佛学里。平常也跟你们提过，有些同学听我讲万遍了，耳朵都生茧了，懒得听了，可是自己没有体验。

佛告诉我们，这么一弹指有六十个刹那。我们一呼一吸一刹那之间意识有多少转呢？九百六十个转动。一昼夜之间我们的思想转了十三亿转，就是中国十三亿人口那么多。这个是行阴。譬如现在我讲话你听话，你还在做笔记，你同时还知道外面的事，作用那么多，就因为你这个意在转动。这个作用的功能就有那么厉害。

不要听了这个到外面吹牛，说自己懂得很多，你自己真懂进去再说。这一知有这样厉害。当你呼吸也好，或做任何事，你那个知，就在那个事上面；可是同时也在这个事上面的，像火花一样放开的，还有很多很多。譬如我们拿一支蜡烛来点，你这个蜡烛点了，就只看到一点亮，这一点亮在转，旁边所有东西你都看到了，这是科学。它的光是辐射、放射的。现在讲量子力学，是波粒在转动，这个波粒的转动快得不得了。

修行叫你先了解这个知。知息入，你以为只是知道这个息入吗？你这里知息入，那里同时还知别的呢！你们要弄清楚，这个头脑很厉害，佛告诉你先利用这个鼻子呼吸入手，知息入，知息出。风与息还有这个气是大科学，跟宇宙相连的哦。我们呼吸一进一出，有个什么东西在进出呢？没有啊，它是空的啊，它不过是个生灭法，来往、往来。像你这个拳头挥动来往，有个拳头往来吗？没有啊！中间没有个拳头啊，只是一个空的形相。你说没有吗？它有啊！所以很难懂得。

学佛是需要大科学、大逻辑、大智能。所以叫你用鼻子修安那般那，入气，出气。我不是用刚生下来的婴儿比喻吗？嘴开口“啊”，他不是有意叫的，因为十个月在里面闷住，没有呼吸。那么有气没有？有气啊，是闷住的，气在里头一样在变化，一出娘胎接触外面，就是触受了。所以婴儿生下来就膨胀开来，生下来那么小，一下就长大不少。佛说那个一出娘胎的感受，就等于十万根针插进全身毛孔里头那样，难受极了。

吐故纳新

所以这个“啊”是自然的发音，是开口音，然后鼻子气进去。道家有句话形容得很好，吐故纳新，碳气呼出去是吐故，氧气吸进来是纳新。所以我昨天为什么跟你们讲哼哈二将，就是因为鼻子“哼”气，嘴巴“哈”气。戴老板在日本买来了两个哼哈二将的头，塑得很好。譬如我们难过时，就叹口气“唉”！嘴里是出气，这是阿部的音，叹出了心肝脾肺肾五脏六腑的气。心肝脾肺肾本身在呼吸，每个细胞也在呼吸。至于呼吸来往的气，是通督脉、任脉等等的。黄医师讲胚胎细胞的变化，像开花一样，生命是行阴来的，行是动。所以开口以后气进来了，开始后天的呼吸。

但是我们呼吸完全靠鼻子行吗？不行的哦！有时候我们难过时，“哎哟，我的妈啊！”这个气郁在里头，那时鼻子的气不能表达了。所以韩愈也说：“穷极则呼天，痛极则呼父母。”这是我们小时候背的古文。一个人倒霉到极点，环境困难到极点的时候喊什么？“我的天啊！”外国人讲上帝啊！怎么办啊！我们痛苦时，身体难过极了，喊一声“我的妈啊”是自然的。

呼天也好，呼父母也好，都是呼吸喊叫，这个喊是吐气哦！吐故，吐五脏六腑的气。我们喜怒哀乐的时候，是出气的，嘻嘻，嘻嘻，吐故就纳新。所以昨天告诉你六个字，可以治病的。那个“嘻”字是什么啊，还记得吧！嘻就是嘻嘻，高兴时嘻嘻，五脏六腑的气出来了。所以身体不好，那么一站，哈……一声，所有的病都把它哈出去了。庙子上塑的哼哈二将，不是迷信，它是表示一个方法给你看，只是你看不懂罢了。

五行气

知息入、知息出，你以为只在鼻子那里看呼吸进出吗？那是最初步耶。所以叫你眼观鼻，鼻观心，就是先了解气。我们整个身体有五行气，下行气是下行，放屁屙尿都是下行气，你不要把下行气提到上面来，提上来那就糟了。中行气在胃腰部这圈横的，道家和中国的医书叫带脉，是横的一圈这样转的。上行气是上走的，心脏以上一直到脑。还有左行气，右行气，共五个。学瑜珈、学密宗都要知道。然后五行气配合三脉七轮，这些学理讲起来那么闹热，你真做工夫的话，一旦定了下来，就会认得知息入、知息出、知息长短，通通都知道了。

如果你初步到达知道五行气，你身体自己自然会改进。这个不是吹牛的哦！我在五六十岁的时候，背也有一点弯起来，我发现了，心想开玩笑，我不是白搞了吗！我就把它转变了，我也没有找人按摩。佛生下来一手指天，一手指地，告诉你“天上天下，唯我独尊”嘛！那就是靠自力，不靠他力。

所以当你初步真的做到安那般那，身体五行气你都知道了，这是有为的哦！再提醒你注意的是有关有为法，“生因识有，灭从色除”，先把四大调整过来，你们现在做事业，一边想学佛修行，一边用功又用不上。老师啊！等我把这个事情忙过了，我要好好修行。我说：对，对，你了不起。我的意思是你起不了，了不起是给你面子，平常又不讲佛法，我骂你干吗呢！

所以知息入、知息出，你那个一知里头意念是两件事哦。气息一进一出，吐故纳新，所以有时候是嘴巴吸气。工夫到了的时候，譬如说打坐坐好了，打嗝，呃……你不要惊讶，那是气动了。但是听那个声音，外行不懂，内行知道这是胃气！呃……是肾气来的，两个腰这里气发动的；有时候肝胆来的气，发出声的；有些气是工夫到的。像我们站在池子边上，捡一块石头丢到池子里去，石头沉到底会冒水泡上来，因为外气进来，里头的浊气就压上来。你们打坐能够发动这个吗？真修行的话，这个一定有，这不是普通的打嗝了。你听了以后去修行，不要故意一天到晚等这个，或者自己想办法呃……所以西藏密宗，看见住茅棚住洞的人在那里呃，就赶快给他挂上哈达，顶礼膜拜——哎呀！这个师父有工夫了。在中国汉地一般不懂，所以说打坐修行还要个环境才好，否则你在家里打起坐来，如果有了反应，家里人吓死了，到医院去吧！有问题了！那你怎么办呢？

有些时候打嗝，你晓得五行气都在动了，肠胃完全要空才好。这个时候岂止一天吃一餐，一天吃三次五次六次，连平常修行也是少吃多餐，每次吃一点点，吃多了妨碍气脉。像我早上起来一碗豆浆蛋，喝了来给你们讲话。中午他们说要我吃一点东西，我就不能吃，吃了我就讲不出来了，越不吃我骂你们越痛快，有气力骂嘛！吃了以后把那个气堵塞了，要是管自己的话，只好打坐去了。打坐干什么？帮助它消化，那是浪费的打坐，只能骂自己讨厌，贪嘴。你们多半都是吃得一饱二胀三贪嘴，然后进禅堂。

我常常讲，庙子上禅堂每次打七除了三餐以外，还有两次点心。因为吃素，大家拼命吃，吃到肚子胀，上面呃……下面噗……禅堂又阴暗空气又闷，真是五味俱全。所以他们要盖禅堂，先要等我盖好了来参观，看如何让空气流通，把脏气抽出去，光线调整好。我们这个禅堂是初步试验，还要更完整才是共修清净道场。

工夫做到“精满不思淫，气满不思食，神满不思睡”，不需要男女之事，不需要吃饭、睡觉了，都是真的。所以真修到安那般那，也自然到达了知息入、知息出、知息长短。讲到知息长短，等于我们刚才讲的，站在水池边丢一块石头下去，沉到底时水泡冒起来，这个息是长还是短呢？或是更深长？庄子说“真人之息以踵”，一直到脚底心。如果没有动，就不冒水泡了。最后你坐在这里，这个身体如庄子的话“与天地精神相往来”，也是孟子的话“养我浩然之气，充塞于天地之间”，跟天地虚空合一了，那才到了知息出入、知息长短的阶段。

第三堂

瑜珈体功《易筋经》

《洗髓经》

加行法的瑜珈

瑜珈体功《易筋经》《洗髓经》

希望大家这一次听了要好好去实修，时间来不及了，再过一阵子也许我死了，你们没有人问了。刚才下课的时候，有年轻同学来跟我讲，希望了解一下修密宗同瑜珈的配合。密宗修三脉七轮，有修气、修脉、修明点、修拙火；修安那般那的方法叫修气。修密宗必须要练习“体功”，这是我们汉文翻译。修炼身体的工夫有三十六种密宗的拳法，就是瑜珈变出来的。何碧媚因为明天有事要先离开，所以同学要求她把几年所学的体功示范给大家，她现在就来做这个瑜珈体功。这是现代印度瑜珈另外一派，印度也有很多派别的。（何碧媚示范）

中国禅宗讲达摩祖师到少林寺，传下来的有两个顶尖的工夫，不是打拳，是练体功，一个是《易筋经》，一个是《洗髓经》。少林寺已经几次被毁，民国初年（一九二八）被冯玉祥部队中的一个石友三统统烧掉了。现在少林寺旧的练武场里头，还有少数的图案。世界上《易筋经》有好几种不同版本，我在峨嵋山庙子里发现了一个古本的《易筋经》，完全跟一般的两样。我没有时间把它绘下来，但要点记住了，那是靠一个年轻童子帮忙练习的。

实际上达摩传了武功没有？没有。他当时来看一般的中国修行人，光想修行打坐，身体没有搞好，不能得定，所以就传了瑜珈。开始瑜珈的图，就是《易筋经》的基本。有人说《洗髓经》没有了，那是把骨髓都换了的功法。后来据我的研究，所谓《洗髓经》就是不净观与白骨观配上安那般那，把整个的生命，父母所生的身体转换了。专练要十三年到十五年，整个身体变了。对不对留给大家做参考。

像刚才何碧媚所示范的瑜珈，她学了四五年的工夫，没有放弃。她这些动作配合修安那般那最好，所以密宗叫做体功，是密宗三十六种拳法之一。大家到西藏学密宗，一般人只想修行成佛，修些观想啦、灌顶啦，念念咒子，都是很基础的。但是灌顶、念咒子、观想，这个叫加行，是修持的一个加工的方法，并非最高，但体能修炼很重要。

加行法的瑜珈

如果到西藏南部，有两个庙子名字我记不得，一个是尼姑庙。西藏的尼姑没有比丘尼戒律，她们出家自己规定，清心守戒。有一个庙子的比丘尼统统都懂印度古代天文学，不是女喇嘛。另外有一个女喇嘛的庙子专练瑜珈，据说在喜马拉雅山的东北部，靠拉萨的南面，很冷。可是那些女喇嘛并不怕冷，她们早晨做功课，四五点起来，背一个练瑜珈的袋子，就上雪山顶上练瑜珈，一天两三次，专门做瑜珈的修行，最后进入瑜珈的禅定。一般所讲的去西藏学密宗，就是拜那些大庙子，围着喇嘛转一圈，什么都不知道。我就是笑你们也没有真看过，这些比丘尼年轻出家，一辈子真练真修行。你想一个人年轻出家，每天都在练习这个，搞了几十年，一定有他可观之处的，这是身体的瑜珈。

瑜珈的练习对身心健康自有一套作用的，如果配上呼吸，最后证到禅定境界，这个是瑜珈加行法，非常的重要。修小乘的佛法，包括念佛、念身、念呼吸等，修四禅八定。大乘是菩萨分十地，实际上大乘分五十个步骤，每一个步骤都有加行法，所谓四加行，暖、顶、忍、世第一法。

暖法，譬如你们初步学打坐，像那位胖胖的老板，一坐起来全身流汗。流汗是暖的初步，因为生命本来有拙火，要发动未发动时，先把水分排掉。身体同地球一样百分之七十都是水，火力不够，被水泡着老化了。肚子大都是水分，都要把它排掉。打坐有时候发冷，也是水大的关系。所以一定要得暖，每一步工夫里都有四加行。

顶法，气冲上顶，应该头顶是发闷的、胀的。修气到顶再进步以后，这个气跟宇宙，跟自然界的风大，跟天地虚空交通了。

忍法，是定住了，切断了，有隔离的意思，隔开了人世间。

由暖、顶、忍，杂念妄想清净了，到达世第一法。修到这一步，在这个世间已经达到顶尖了，转到大阿罗汉境界，然后再转到菩萨境界。所以练习身瑜珈，一定会流汗，一定会快一点得暖。像瑜珈的这些动作，很容易得暖，使气脉贯通上下。

中国的佛经翻译了那么多，但是弥勒菩萨论著中的《现观庄严论》没有直接翻，但是藏文里头有。民国初年太虚法师的弟子法尊法师，在西藏根据藏文翻成了中文。我看过了，他学玄奘法师的文章，文字翻得很好，像唯识学《成唯识论》的文字，很了不起，但是他本身修证方面功力比较差一点。《现观庄严论》内容完备，四加行就是现观，意思是很现实的，一做工夫就出现，这就是现观嘛，现量境界，这是非常庄严的四加行。

第四堂

用功修持

与虚空合一了吗

修禅定

知息长短　遍身

除诸身行

初禅的受喜受乐

受诸心行　心作喜　心作摄

心作解脱

用功修持

有人提出来，听了几天课想要分组讨论了。参学的工夫不晓得做了多少，要讨论搞思想了，变成了分别知见，好不好呢？好。肯讨论已经不错了。但是在禅宗丛林底下，用功参禅是没有讨论的，闷葫芦一样闷在里头，自己去参究找答案。古代的禅堂，讲讨论是吃香板的，挨打的，要讲讨论那就不要到禅堂来，到法堂去吧，到佛学院研究读书去吧。

参禅用功是求证之路，到那个境界的时候，真的善知识会看得出来，你不找他，他还来找你呢。有一点意见觉得很高明想发表的，早就吃香板一百板了，已经不是了。分组讨论等于现代社会一样，找些知识相等的，偶然有一个嘴巴头脑四肢聪明的，做个组长，永远论不出来什么东西的。你说找跟自己差不多的讨论，既然差不多还有什么讨论的！这都是胡扯。告诉你，你把妄想先打死了再来。要讨论，有人啊！我说找某人去讨论，你服他吗？你们这一班同学谁也不服谁，一个比一个高。

这个时代，这个社会，平常都讨论太多，你一辈子讨论了多少次啊！什么都在讨论。讨了半天，论也论不上！

赶快死下心来，“打得念头死，方得法身生”。今天到明天就各奔东西了，珍惜这三十个钟头好好去用功吧。

怎么样把妄念打死？刚才讲了六妙门，十六特胜。知息入、知息出、知气归一，做到这一步没有？这个没有讨论的，我都在讲，讲得很清楚啊，你们自己哪一点做到了？这有什么讨论的！我所讲的，是用我自己辛苦用功经验来的本事告诉你，是这样走的路，你做到没有？再要讨论跟我来讨论。有少数人做到深一点的，但是也没哪个真能达到一个境界的，所以没得讨论。现在的教育，尤其是现在的社会，有开会讨论的习惯，会也多，讨论小组也多，浪费一生。你要找人讨论自己找一个修行有经验的，或者比你经验老到一点的去问问，不是讨论，是“请教”。

这两天重点讲到如何修证，到了今天下午有点散漫了，岔进来别的东西。念佛法门，念到万缘放下，一心不乱，做到了吗？六妙门数息，数到一心不乱，念念清楚。数息、随息、止息，做到了吗？后面三个不说，做到了再“请教”我对不对。如果自己没有疑问，晓得到了某一步，再求下一步。有问题再请教，不是讨论。究竟什么是六妙门还不知道，那你白听了。六妙门不算，进一步讲十六特胜，知息入、知息出、知息长短，这不是讨论的哦！要你自己心跟气两个讨论，看做到哪一步。这个还没有做到，有什么可讨论的？也没有好讨教的。

其实也不必有那么多话，我也是废话连篇。因为告诉大家如何修到数息、随息到止、到观。“还”跟“净”比较高深了，然后转过来。那个是入门的方法，叫大家把握这几天每一分秒的时间，自己练习、修习，不是搞学问，是要求证这个工夫，如何知息入，如何知息出。

与虚空合一了吗

纪女士：请问老师，我们在练习知出入息的时候，在打坐的当中，如果发现自己变成好像跟虚空合一，应该维持那个状况，还是回去保持注意，回到有一个对象的打坐状态，才能够进步？

南师：你刚才问，我给你重复再讲一遍，大家听到，佛法是公开的，没有秘密，不是一个人的。你问我，你说修行知道自己呼吸，知息入、知息出对不对？然后到达虚空状态对不对？然后不知道应该住在虚空状态还是知息入、知息出对不对？是不是这个问法？

纪女士：是。

南师：你做到了知息入、知息出，呼吸止了吗？不呼不吸了吗？

纪女士：呼吸很微弱，几乎没有。

南师：呼吸很微弱还是有呼吸，没有到止息。然后你的思想就不管呼吸，有一个境界，感觉到自己跟虚空合一了。

纪女士：是。

南师：不好好用功，不老实！你素来是玩聪明的，玩了几十年对不对？

纪女士：是。

南师：我讲的没有错吧！你既然知道知息入、知息出，微细的呼吸还在往来，还在出入息境界里头对不对？还没有到止息。这个时候你心境已经散乱了，离开本位，岔开了，觉得已经跟虚空合一了，那不是散乱吗？没有做到知息入、知息出，还没有做到止息境界，空话！修行不老实！

这是禅宗的教育，“宁可将身下地狱，不把佛法做人情”，非常严格的，一步一步的工夫、求证。根据她所讲的，她是很聪明的，学法律，从美国来到东方，年轻学佛，来见我时她是穿喇嘛装。到现在那么多年，没有好好修行。但是她也了不起啊，我的《金刚经说什么》那本书，她翻成英文，现在外面还在流行。但是不因为她有这么一点成绩，就对佛法可以将就，不行的，我还是讲她。我说你啊一生聪明是聪明，修持没有到。彭先生还买了很多本她翻译的《金刚经说什么》到处送人，在美国也很流行。可是我刚才呵斥她，以禅宗来讲叫“呵斥”，责备她，不能将就的，绝不因为她有一件事情做对了就将就，那会影响她的修行成就。如果我将就一点是我的罪过，是害了她。禅宗的教育非常严的。

你们没有见过真正的禅宗，宋老板有心发愿把五个禅宗祖庭恢复，保存禅宗文化。我是非常赞成，但也感觉非常可笑。什么叫禅宗啊？你现在勉勉强强地看到禅宗一个影子。真讲禅宗的教育法就是这样，从前有禅师说，如果真提倡禅宗的正印，“门前草深三尺”。什么意思啊？就是说鬼都不上门了，一个一个都骂跑了。所以我平常对你们非常客气，你来了吃饭，说笑话，发表你的高论也好，那是世俗普通的朋友。你叫我老师，我也嗯嗯嗯，我不承认自己是老师，也不承认你是学生，是朋友而已。朋友的话，合则留不合则去，尤其我们之间的交情，是道义之交，没有利害关系。

但是，如果真讲佛法是非常严格的，真讲教育的话，儒家也非常严格。现在的教育没有师道了，有师道的尊严才能造就一个人。中国文化你们没有看到，当年每个人家的中堂，祖宗牌位中间供了几个字：天地君亲师，那是师道的尊严，现在没有了。我现在露一点给你听听。譬如这位美国纪同学，晃荡晃荡，东方西方奔来奔去，印度、密宗都学过。为什么现在对她这样严格，毫不留情？因为不要害她了，她搞得都不对。

修禅定

现在开始讲这一次发出去的题目：禅与生命科学的认知。就是怎么样修这个禅定，至于对生命科学的认识呢？都还没有开始谈，初步才提到十六特胜，一步一步工夫。所谓工夫是实际的，自己本身的经验，你要去实验。下午也讲到知息入、知息出，提出来本身生命有五行气，上行气、下行气、中行气、左行气、右行气，都要体会到。你整个身体内部会起变化的，五脏六腑都会起变化，不是说你有一点点偶然的感受，好像跟虚空合一了，那又走了偏路了。所以你要讨论，就要在这个地方讨论。一个师兄如果有比较高明的见解，会说：师弟啊！赶快把那个虚空合一的境界放下，回转本位吧，你还没有得止息，没有到达不呼不吸的程度呢！有一点微细的往来已经不是了。到了止息的时候，思想念头没有了，一念清净，止住了。所以我下午有句很沉重的话，我说我不是跟你们在座这一班人讲，是另外一班人在听耶！这个话你们听不懂而已。

到达念也止了，息也止了，还有没有呼吸呢？有。进一步知息长短。很长一段时间才感觉到还有一下呼吸往来，或者是出息，或者是入息，进来止在那里很久，偶然重新来一下。昨天也讲过，来一下是什么？长中短、短中长。有时候感觉到出息很长出去了，止息，回来的时候很短促，已经满了。有时候感觉到短中长，出息很短，或者入息特别深沉，一身气都充满了，没有饿的感觉了。

如果东讨论西讨论，讨论的结果会变成那一位，认为自己都懂了，变成大师把听来的到外面去吹了，那就很危险，误人子弟，造业无边。所以我只是在理上给你们解说，知息出入，知息长短。本来下午还接下去讲的，后来听到你们念佛念得好，把你们带到念佛三昧去了，那一下清净下来，也同修止息到达的程度一样，那就对了。

知息长短 遍身

知息长短以后，身心转变了，这个工夫很深了，已经了不起了。我也提出来，以人世间世俗观念，道书上讲祛病延年，什么生瘤啊、生癌啊，各种病痛不需要医药，自己把它转化了。那就是下午讲的五行气都知道了，那个时候人是非常宁定的。

再进一步呢？到知息遍身时，整个身心气脉都变了。密宗同印度瑜珈讲的三脉都在变化，每个细胞呼吸都在变化。就算你老化了，又有病，这时病也好了，那个老化的细胞又活了起来。换句话说，你全身十万八千个毛孔自然都在呼吸往来，但却没有呼吸的现象。这不是刚才纪女士讲的什么跟虚空合一，而是庄子说的"与天地精神相往来"；也就是孟子说的"养我浩然之气，充塞于天地之间"。我只讲原则哦！对别的朋友们一起讲清楚，不过他们提问题，你们也听不见。我知道他们提问题了，所以答复他们。

到达这个程度，知息遍身了。你要晓得印度的医学，现在传来是西藏的医学，不像我们中国传统医学说的十二经脉，而是讲三脉七轮。人家一样地治病哦，印度人一样地活了几千年，人口众多，这就是科学了，不是空洞的理论。所以知息遍身，是到达这个程度。

这两天有道家修道的人，很想跟我见面，不过这是另外一个题目了。道家神仙境界修到什么呢？"三花聚顶，五气朝元"。道家达到这个境界，就是知息遍身。三花聚顶就是脑部的脉打通，精气神与天地相通了。五气朝元，在中国讲是金木水火土五气。金就是肺，木就是肝胆，水就是肾，火就是心脏，土就是脾胃。在密宗和印度就是上行气、下行气、中行气、左行气、右行气。五气朝元，朝哪里？朝那个寂然不动。都清楚了，舒服了，一切病都没有了。你看我们黄医师，今天下午就有进步，他也没有吃药，懂了，慢慢转变就不同了。他是学科学的西医师，他不盲目的。

这个十六特胜只讲知息遍身，这一句话你翻遍了藏经以及所有道家的书，你也找不出来。我告诉你那么清楚明白，你以为得来容易，还要讨论，你讨论个什么！如果你也是十二岁出去，学到九十岁，像我一样用心求学，拿命拼了才会知道！找谁去讨论啊？要做工夫才行，自己不做工夫，身体都已经衰老了，自己还不知道。

所以这一次发的通知有“传习”二字，你们也看不懂。传你们秘法，叫你们去修习去，对不对？发的通知有没有“传习”两个字？都没有留意，你读什么书啊！你以为普通的文字啊！所以我笑你们写的那些契约公文，都是现代的，都靠不住，一字都不留意。等于我在信上说：不要带新人，你们也没有留意。不带新人，可见旧人老一辈都可以，是新的不要参加。新的带来什么都不懂，以前没有经过这个教育的新人，没有修证过懂个什么？那一封信都不留意看文字，还说跟老师学，所以我只好写白话了，写一点古文你更看不懂了。

除诸身行

再进一步，第五个是什么？“除诸身行”。身上气充满，那些都变化了，化空灵了，整个身体柔软，内部统统变了。五脏六腑，拿现在西医讲的话，中枢神经的系统变了，连带前面道家叫任脉的自律神经系统的脏腑都变了。比如自己晓得肝不好的，胃不好的，那个时候都好了；或者女性乳房像有乳瘤一样，慢慢自己晓得化了。乃至说五六十岁的女人，更年期过了，忽然胸部又膨胀了，同少女一样充满起来。我们座中有人到了这境界，每个细胞都转变，各人自己知道。

“除诸身行”，这时密宗讲的三脉七轮的气脉打通了，生活习惯已经变了，就是三句话，你们听惯了的，“精满不思淫”，淫欲观念没有了，没有压力了，觉得粗浅不喜欢了。当然勉强可以，等于《楞严经》上讲的“于横陈时，味同嚼蜡”。佛把做爱非常文学地形容为“横陈”，就是等于两个人运动做瑜珈，没有性欲的观念。“味同嚼蜡”，没有说爱啊、舒服啊这一套，等于吃白蜡一样，什么味道都没有，可是也可以应付。你看佛经翻译得多好，形容得多好。

所以到“除诸身行”，整个物理法则的动力还在转哦，这要懂唯识，什么叫身行？就是行阴没有断，身上的气还没有完全静止，脉还没有完全停掉。不过你到达这里，用心电图来测心脏，跳得非常缓慢，轻轻跳一下、跳一下。

拿现在来讲，西医会告诉你心脏有问题，可能哪里血管阻塞了。如果中医按你的心脉，细细的，很慢跳一下，哎呀，你这个心脏有问题了。

像我自己碰到那个境界，“哎哟，这两天靠不住了，走就走吧，充其量心脏停了嘛。”我就是比你们狂，狂到生死我都不在乎了，要走早走嘛，走了再来嘛。再来何必到这个世界来啊！充其量是“空向人间走一回”，也没有什么了不起。再来再修过嘛！如果这个时候找医生就不得了了。既然死都不怕，还怕什么？懒残禅师的诗“生死无虑，更复何忧”。

除诸身行，大概地讲，也不是对你们诸位讲，是对其他来找我的朋友讲哦，都讲清楚了。这还没有到初禅呢，不过生理变了。

初禅的受喜受乐

再进一步到受喜、受乐，你的感受方面不同了，心里无比的欢喜。那不是普通的高兴，知道自己这一生修行总算对了，有点影子了，很高兴。等于黄医师一样，以前不相信气，后来他自己在家里修，总算有点影子了，有时候也蛮高兴，摸到了，这是受喜，可是还没有受乐。乐从脑起，每个细胞都舒服极了，闽南话“爽快”。为什么不是喜受、乐受呢？受，受阴，特别着重于感觉、触受。得喜、得乐，你普通打坐偶然有一下，不要把普通打坐的喜乐，触受，当成那个境界，那还远呢！程度差别太大了。

进入初禅，就受喜、受乐。

初禅是什么呢？正式的禅定来了，昨天讲过，心一境性，离生喜乐。这个时候你杂念清净了。“离”这个字有两重意义：第一才晓得知性跟感受是分开的，气息四大可以分开。第二个意义，晓得如果我这一口气不来死掉了，马上可以跳到另外一个生命境界。所以佛经形容这个生命，灵魂离开身体“如鸟之出笼”，像关在笼子的鸟被放出来一样，超越了肉体、物质的障碍，舒服得很。

所以初禅离生喜乐，喜是心理的，乐是四大变化。如果你修到初禅，配合心理上脾气、个性，毛病都改变了，就是现在走了，会生色界初禅天。初禅天是色界天，已经跳出了欲界。欲界都有性欲的关系；色界没有欲了，一切的欲望都清净了。

你们要讨论，这里就有一个问题可以提出来问我啊，不晓得提！也不懂，所以说没有资格讨论。你说到了得定进入初禅，还是第一步哦，那前面的工夫都不是禅定吗？前面也是得定。叫什么定？有三四个名称，我们普通的打坐得定是“欲界定”，欲界的众生都可以做到的，偶然静一下很舒服；上面还有“未到定”，还达不到定的一种境界；有些是“中间定”，好像不动，好像动，中间的；还有“近似定”，接近、相似了，所以你们打坐修行也在修定，没有错。真到了除诸身行，受喜受乐时才进入初禅离生喜乐。再配合《俱舍论》心理思想行为转变，智慧都要打开了，也许这一生就可以证到罗汉果了，是也许哦！

受诸心行 心作喜 心作摄 心作解脱

第八个是“受诸心行”。有没有问题啊？上面除诸身行，这里转了，受诸心行，转到心的境界，跟身体四大地水火风关系变了，感受不同了。由离生喜乐初禅，到第二禅“定生喜乐”，受诸心行来了，这个是心念境界。刚才纪女士讲的她感觉跟虚空合一，这个时候可以谈了。她觉得跟虚空合一的那个感觉，其实完全是妄想、幻想，叫做独影意识的境界，也属于非量，是不对的。当你到达受诸心行时，就不同了，感受到二禅定生喜乐。

受诸心行以后是“心作喜”。上面不是受喜受乐吗？这个喜同那个喜不同吗？不同。上面那个受喜受乐，还带有物质的、感觉的状态；这个是心境状态，境界完全不同了。为什么叫心作喜呢？作，唯识学叫作意，心意识在作意，就是定生喜乐了，所以心作喜。

心作喜还容易懂，“心作摄”就难懂了，尽虚空大地归之于一。《楞严经》上讲一毛端可以容纳大海，心细如发，一念万年，万年一念，都是心的境界。《易经》上也讲“放之则弥六合，卷之则退藏于密”，看不见的。也就是芥子纳须弥，须弥纳芥子。心作摄，定生喜乐，进入二禅。

后面呢？“心作解脱”，这个时候就真的解脱了，一切烦恼根根清净了，二禅进到三禅境界了。

第五堂

观无常 观慧 观出散

观离欲 观灭尽 观弃舍

讲到心作喜、心作摄、心作解脱，十六特胜过了一半了，这初禅、二禅、三禅，快到四禅舍念清净了。修行五个程序：戒、定、慧、解脱、解脱知见。由修戒做人开始，修定，修慧，得解脱，解脱了欲界的束缚，解脱了三界的束缚了。修行得到真解脱，真解放了，也真见到自性，得到大自由、大自在了。解脱以后再解脱知见。

观无常 观慧 观出散

你们注意，知息入、知息出、知息长短、知息遍身四个，然后就不管知不知了。知当然仍在那里！没有动过啊。除诸身行了，然后受喜、受乐、受诸心行，没有知不知了。再进一层心作喜，完全在心了，不管身了；再心作摄，心作解脱，清清楚楚都告诉你了。这是简单地讲，详细深入很多啦。接下来是什么？观无常。也不是知，也不是心，也不是身，都不是。观无常，观一切无常，观慧，完全是智慧的境界。

晚上到现在半天，那一位挨了我一顿骂，管他真的假的，还坐得好好的，你说是他划得来，还是我划得来？这些现象境界还有没有？都过了，一切皆无常，过去了，诸法无常，不永恒，都在变化，现在就在变化。大家由婴儿出生到现在都几十岁了，有些做婆婆做妈妈，做奶奶做公公，每个都无常，都过了。世间一切无常，修行打坐也无常，刚才坐得好好的都没有了。如梦如幻，过去了，所以说观无常。

修行的方法不过是一个拐杖，不要给拐杖困住了，坐轮椅不要给轮椅困住了，诸法无常，观无常。所以从安那般那开始，出入息一进一出也是无常嘛！佛告诉你这个世界一切皆无常，一切皆苦，一切是空的，一切是无我的。无常、空、无我是三法印，学佛的基本。你用一个方法修行，但不要被方法困住了。否则就是把无常当成有常，那就错了。观无常，不是到这一步才开始观，其实你一开始入手就在观无常了。慧跟定配合来修，要有这个智慧再来谈学佛，再来谈讨论。他挨了冤枉骂，正好当时我没有人可以骂，这叫做枪打出头鸟，就挨了一枪。他挨了骂有好处没有？你问他，观无常。

观出散。黄医师注意，被气困住了，就观出散，把平常的一切不适丢开了，放之于虚空。管它气到哪里了，你有个气，就被困住了，没有观无常，没有智慧去破它，没有观出散。人身体有病，乃至衰老要死，用观出散都把它散出来，丢开了，一切皆空，死也空嘛，老也空，病也是空，出散。所以佛有一个偈子，吩咐你“诸行无常”，一切作为行为，不是永恒的，都是无常。“是生灭法”，一来一往，呼吸一样，一进一出都是生灭法。“生灭灭已”，不呼不吸，绝对的清净，呼吸也静止了，不生不灭，“寂灭为乐”。有智慧的人一看这个偈子，理也到了，工夫也到了，还讨论个什么啊！还有讨论已经在生灭中了。所以叫你观无常、观出散，这是慧观，不是眼睛去看，是智慧解脱。

观离欲 观灭尽 观弃舍

再进一步观什么？观离欲。跳出欲界，这个世界都是自己的贪瞋痴欲望，一切解脱了，什么都没有，观无常，观出散，观离欲。其实你们做官做生意也是这个道理，应该赚的赚，赚来是属于你的，不应该赚的，赚了一千亿、几万亿又怎么样？最后还是别人的。所以我说庙港这个禅堂将来谁用？有缘的去用，谁知道！“诸行无常，是生灭法，生灭灭已，寂灭为乐”，你应该做的做了，观无常、观出散、观离欲。

然后观什么？观灭尽。什么是灭尽啊？注意哦！什么都没有，灭哪两样呢？灭受（感觉），灭想。受、想两个灭掉了，思想清净了，没有杂念妄想，没有什么讨论，没有分别了，也没有感觉了，知觉也空了，寂灭清净。大阿罗汉进入灭尽定，九次第定中最后的一定，绝对清净涅槃。不管密宗、禅宗，什么宗也好，到这里证得灭尽定，得阿罗汉果位。万法一切皆是空的，都没有用。灭尽，拿什么灭呢？由你知性开始到智慧成就，灭了一切妄想，灭了一切知觉、感觉，一切都空了。观灭尽，得灭尽定。大阿罗汉得灭尽定，究竟了没有？没有。

最后一个是观弃舍，还要丢掉。得道，得什么道？没有道，连道也丢掉。成佛了，谁成佛了？没有人成佛。自己认为有道、有学问、有成就，已经不是了。最后观弃舍，一切放下。黄医师注意！观出散，气一切放之于空，现在不修气，修空了。一切放空，连背弯起来也空了。这个修行法门，靠慧观了。

由安那般那知息入起十六条，一条一条告诉你特胜法门，只有这一条最好的路，什么禅啊、密啊，通通推翻了，就是这一条路，是佛讲的一路成就的法门。所以《达摩禅经》非常辛苦地告诉你这一条路。然后更要注意，他讲这个法门以前，先讲到修行人最容易退，天天讲发心修行，天天退步，走一步退三步；就算不退也会减，就是慢一点退；或者是住，就是停留在那里，没有进步。《达摩禅经》粗略地讲四十几个退，仔细分析的话，不止这些退。所以你觉得自己在修行用功，其实你天天在退步；不退步当然就是进步。所以《达摩禅经》很难搞懂，这就是大秘密的法门，要升进，不要停留了，要向前进。退减、住、升进，进到最后灭尽定还要弃舍，才证到一切皆空，真达到空的境界，才是见空性。

今天先要把六妙门到十六特胜的修法仔细地记住，要自己一步一步去实验，去推进，这是非常重要的。这不是讨论问题。记住，“诸行无常，是生灭法，生灭灭已，寂灭为乐”。诸位参加这一次讲课的人，我碰到就会问你十六特胜是什么？六妙门工夫怎么做？叫你们背给我听。如果怕答复我，不要见面，背会了再来。佛法不是讲空话的，一般学佛的人都是讲空话。

第六日

第一堂

再说禅净双修

极乐的净土

如何念佛

这次的题目，是禅与生命的认知，禅定是内圣外王之学，是最初步的内圣修养。因此反复从诸位打坐姿势、七支坐法讲起，讲到六妙门入门的方法，修禅定对身心生命的关联；然后指出了佛说的秘密，包括了禅宗、密宗，一切宗派最基本的修法——十六特胜。这几天当中很辛苦的较为周详的是讲这个，让大家不要忘记了基本；不然光在这里听热闹，头脑都没有用，逻辑都不懂。

学佛先学因明，佛学的因明就是逻辑。菩萨要学五明：一是因明，就是逻辑，头脑思想，意识思维先搞清楚；二是声明，就是言语文字；三是医方明，学医学；四是工巧明，学科学技术；五是内明，才是明心见性成佛之路。这五种东西包含世界上的学问。我们第一要学逻辑的因明，就是刚才我讲的这一次的主题，所以大家不要搞错了。我们中国人现在拼命讲科学，真正的逻辑不懂，只讲黑格尔的三段论证，正、反、合，这是最粗浅的逻辑，真正思维的逻辑自己要搞清楚。

再说禅净双修

因此告诉大家念佛法门，禅净双修非常重要，念佛法门也只略讲了一点点。念南无阿弥陀佛往生极乐世界有两个道理，一个是世界上十方三世，真有阿弥陀佛吗？有。关于这方面，你们先要了解佛学的宇宙观，佛告诉你三千大千世界，大家应该都知道，本来不必再说的，为了有些新参，只好重复说。佛说我们这个太阳系，带领了地球、月亮、金星、木星、火星、土星、海王星、冥王星等等，普通叫七个星球或九个星球。这个太阳的系统是一个物质的世界，而我们是这个太阳系统中一个星球里的众生之一。众生是很多的生命，不要以为人了不起，人不过是这个地球上众生的人类。人有人这一类，猪有猪一类，狗有狗一类，马有马一类，青蛙有青蛙一类，都是众生，都同在这一个世界。

佛说像这个法界，这个虚空里，姑且以太阳做标准。以前中学的课本把太阳叫做恒星，现在科学家推翻了这个理论，认为太阳不一定是恒星。这个没有关系，科学的研究随时可以下另外一个定义。这个太阳系统，在这个世界里头面积最小，寿命也最短。佛说像这样一个太阳系统，带领地球等九个星球，在太空中有多少呢？无量，无边，无数，数不清，不可知，不可量，不可数。一千个这样的太阳系统，叫做一个小千世界。每一个星球的寿命、时间都不同。

现在科学探险到了月亮，已经证明佛说的正确，月亮里一天一夜就是我们地球上一个月，它的白天是我们上半月，黑夜是下半月。佛说太阳里头的一昼夜就是我们地球的一年。这个时间的对比，他几千年前分得很清楚。当然现在科学追寻认为还不够精密，慢慢等科学家去发现吧。集合一千个小千世界叫做一个中千世界；一千个中千世界叫做一个大千世界。你看佛学这个世界观多大！而三千个大千世界叫做一佛国土，其中有一个佛。我们这个世界叫做娑婆世界，是释迦牟尼佛所教化的，这次是他来成佛。

所以这个宇宙是无穷大，无比大，无量无边，不可数，所谓方位则是人为的假定。以佛学来讲，我们这个世界分成三界，欲界、色界、无色界。释迦牟尼佛是一个导师，所以称为天人师。不只是人中之师，也包括天人在内。佛承认有天主，欲界有欲界天的天主，色界有色界天的天主，有护法神，有四大天王，有鬼也有神，一切皆有，那是佛的外卫。等于一个庙子里，大和尚旁边有大居士们。

我们怎么知道有个阿弥陀佛？是谁介绍出来的呢？所以我常常笑念佛的人，你们光念阿弥陀佛，为什么介绍人都不念啊？是释迦牟尼佛给你介绍出来的啊！他介绍的佛土多了，假定以我们地球做中心向东方走，无量无边的世界，有阿佛、药师佛。药师佛的世界无比的庄严，无比的清净；南方宝生佛，非常光明照耀；西方阿弥陀佛；北方不空佛，不空哦，没有空；中央是毗卢遮那佛，是总体的佛，这叫五方佛。和尚做法事头上戴的帽子，就画有这五方佛。

佛为什么介绍出来西方极乐世界阿弥陀佛呢？你注意，所有一切的佛菩萨，愿力最大的是阿弥陀佛。阿弥陀佛本身是从普通人修行起，发四十八个大愿；药师如来十二个大愿。所以十方三世诸佛平等，不像其他的宗教只有一个主宰。我们悟道了也可成佛，也可以成立一个世界，度一切众生。等于一个发财的人，做一个好的工业、商业，可以养几千几万人。至少一个大老板可以用一二万个员工，也像是一个小世界，可以帮忙人。西方阿弥陀佛是无量寿光，他的寿命有多长呢？佛也介绍过。你详细研究佛的世界观，配合现在科学，那非常有趣，非常幻想，也非常科学。可是你们研究佛学的人，虽然学问好，没有一个人好好写出一本书介绍给人。

你们叫我老师，我总是希望同学们要有成就。你们大学毕业，拿到博士，一无成就，半篇文章都写不出来，一本书也没有，这个现成的资料都不会写，光叫老师老师，有什么用啊！老师还乱七八糟出了那么多本书耶。你们呢？不要在那里自欺了。这些都是现成的资料，你花一两年写出来，告诉科学家，告诉世界人，对与不对你们去求证。这里头有很多科学道理在内，讲宇宙观、世界观，有哪一个肯发心？有啊，像你们这几位大老板，都说“是啊，是啊，你们做，我出钱”。你那个钱算什么？真的学问是钱买得到的吗？智能知识不是钱买的啊！你们自己没智慧，白读书了。所以你们在我前面讲钱，就把这个事情推开了。

极乐的净土

佛介绍的阿弥陀佛西方极乐世界，没有烦恼、病痛，没有男女问题。假定我们这里真正念佛念好，发愿往生到那里，一死就到那里开始另外一个生命，都是菩萨，无男女相，没有性欲的要求了，也不需要饮食了，偶然有一点饮食的习气，是“思衣得衣，思食得食”。比方想喝点什么，念一动前面就来了，喝完了连杯子都不要收，没有了，所以叫极乐世界，就是纯乐无苦。这个世界是七宝庄严的世界，平整的。为什么极乐世界的地是平的呢？因为都是菩萨，这个心里头是平的。我们这个世界为什么有高山，有海洋，因为人心都不平，所以世界也不平。那里阿弥陀佛有多少寿命呢？无量寿。但是也会生死，阿弥陀佛涅槃了，旁边有两个副校长，第一个接位的是观世音菩萨，第二个接位的是大势至菩萨，所以叫西方三圣。

我怎么又岔开了？跟大家讲起净土来了，大概看你们这一堂念佛念得好，给你们介绍一下。佛在世的时候有个国王（频婆娑罗王）、皇后（韦提希），都是修行学佛的，生了一个儿子非常坏，就是阿阇世王，是印度一个名王。阿阇世王受佛的那个坏兄弟提婆达多挑拨，希望父亲早一点死，自己做皇帝。于是叛变，把爸爸关在牢里头。他的妈妈很痛苦，心想我们两个人都修行，怎么有这样一个儿子！她偷偷地去看丈夫，晓得丈夫要死了，就跪下来祷告：释迦牟尼佛啊！你知不知道我的儿子这个样子！你老人家一点都不关心啊！我们现在怎么办啊？佛那时正在打坐，忽然皇后眼睛一亮，看到佛的一道光到牢里头来，说是你们的业报，该还的账就还，你现在要求解脱，唯一的方法是好好念阿弥陀佛，阿弥陀佛跟你有缘，会救你。她就诚心合掌，念南无阿弥陀佛，后来把儿子也感化了，因缘是这样的。

佛说十恶业太严重，大家不如念南无阿弥陀佛，而且虚空中所有的世界都有缺陷，都不圆满，你们要么往生东方药师佛那里去，要么到西方阿弥陀佛那里去，佛没有介绍自己。你看释迦牟尼佛多伟大，是最好的经纪人，他没有给自己拉生意。我常常对基督教的牧师、天主教的神父、回教的阿訇说笑话，也是真话，我说你们每一家都开了一个天堂，有很好的饮食招待，我说你们的生意做不过佛的啦！佛的天堂有他的佛土，你要向西方走有阿弥陀佛，向东方走有药师如来，南方走有宝生如来，北方走有不空如来，上方有金粟如来；万一下了地狱，没有关系，地藏王菩萨在那里等着。万一都去不了，茫茫苦海，观世音菩萨在那里救你。我说佛的分号太多了，四方八面都有佛，把你们的生意都占了，你们的天堂只是个小生意。

你看佛的宇宙观，阿弥陀佛是往生法，真实的。那极乐世界究竟和我们的世界距离多远呢？刚才说三千大千世界，以我们地球为中心向西方走，我们讲十万八千里太少了，是无量数的途程，太远了。那样远的途程我们可以往生吗？佛说你心力强，临死的时候心不散乱，这个时候放弃身体，就算你是大坏蛋、大恶人，罪业深重，只要提起一念南无阿弥陀佛，不是嘴里念哦，心里念，就带业往生到西方了。到那里以后，都无烦恼，一天到晚修行想成佛。等于我们天天坐在禅堂里，不愁吃，不愁穿。你在西方极乐世界成佛了，再回到各种世界，回到地球度众生。众生个个本是佛，所以念阿弥陀佛是发愿往生佛的国土，每个佛都有国土。

如何念佛

往生法，密宗叫修颇瓦法。颇瓦法要开顶，打起坐来念咒子，念到头顶打开了。这个气从这里一直到西方，叫颇瓦法，也就是往生法。但是法门很多哦！我假使七天专门给你讲这个，又是另外一套了，现在简单给你们介绍。可是西藏密宗修往生法的人，如果修成功了，头顶上自己就有消息，知道要走的时候一定会到那里。这时马上要修长寿法，不然你现在就走了。所以阿弥陀佛西方极乐世界的修法，同东方延寿药师佛是连在一起的，因为宇宙是个圆圈，所以一定要修药师佛法。有二位走另一个路线，不修往生法，他们学药师佛十二大愿，救一切世界众生脱离贫穷、痛苦、疾病。

有人说，“老师啊，我在西藏学密宗”，好像很了不起。我就笑，我看你们这些懂个什么啊，还来跟我谈密宗！我什么都摸完了。所以念佛法门，是“三根普被”，很了不起。我中午进来又听到念佛，很高兴。慢慢念得有了心得，很多的念法，也可以配合上我们这几天讲的修安那般那的念法，你一个人在家也可以修的。如果念阿弥陀佛，配合安那般那这个修法，得阿弥陀佛的加持，你身体可以祛病延年，也可以健康长寿，也可以修成就的。

念法有好几种，刚才的念法是一般的，心心专一，就像前天我跟你们讲过的，眼睛耳朵都回转来向内，听自己念佛。如果单独在家里也不敲引磬，一口气一口气念，把这一口气念完为止。假设念到“南无”两个字气没有了，嘴巴就不出声停下来，鼻子自然呼吸进来。道家修神仙长寿的方法，那叫做“服气”。注意哦，我们中国人讲：你这个家伙服气不服气？这个服是衣服的服，就是吃气。其实你只要好好念佛，道家的“服气”也有了，这个十六特胜修气脉也有了，轻轻一口气一口气念。我现在大概念一下给你们听。我给你们讲话牺牲太大了，像某人的爸爸讲的，“叫老师不要拼命啊”！我是拼命给你们讲。以道家的人来讲，“开口神气散”，寿命减少了。我们佛家的观念又不同了，我连生命都布施出来给你们了。其实两个是一个道理。那么我现在大概给你讲一下，就是这样念。（师示范念南无阿弥陀佛佛号）

你们光听没有用心吧！你怎么没有注意老师这一口气念多少声啊？你看我开始念三声，气就接不上了，念到后面，一口气越来越长，念得也越多。最后鼻子自然呼吸没有停哦，心念没有散哦，只有一句佛号。可是你们光听，所以今天中午我跟永会师讲，我说这些同学们，脑神经都缺好几条，有什么好讲呢！

（师再示范念南无阿弥陀佛）

而且你一边念，一边可以调整气。譬如我今天胸闷、头痛，你念南无阿弥陀佛……把这里病气散出去了。或者胃不舒服，用中气念南无阿弥陀佛……或者腰这里不舒服，用丹田气念南无阿弥陀佛，沉下来念。你把眼镜拿掉，眼睛微微张开，不看外面，耳朵回转来一心不乱，只听自己的声音。念到后来，你整个的房间，四面一片光明。

你们可以试验啊！也可以跟着学啊！不是叫老师吗？学嘛！我说我念给你听，你就听，你可以轻轻地学啊，这就叫善于学习啊。譬如你这样念，一口气一口气念，就不讲敲引磬，不照规律了；个人自我做主，自我一个天地了。

（大众跟着老师念南无阿弥陀佛）

气不够的时候嘴巴一闭，鼻子吸气。有时候念顺了，嘴巴不闭，鼻子还可以吸气。所以嘴巴是嘴巴的气，鼻子是鼻子的气，两个路线的。

这样念身体都会健康，你们可以试试看，自己一口气念，不要管别人，隔壁的也不管。自己听这个声音，你身体马上改变了。（同学依法念佛号）

有病或身体不好的人赶快多念，使你健康长寿，念阿弥陀佛带着药师佛的法门。如果你眼睛微微张开，心境不动念下去，等一下你左右前后一片光明包围了。所以学佛法八万四千方便法门，这是一个法门，你自己念一下可以体会。一口气一口气，配合安那般那念，身体精神就变了。这叫做“和尚不吃荤，心里有素（数）”，自己知道。好好努力去用功，一切罪业，一切烦恼、痛苦的事，一声佛号专心修下去。乃至个人在家里七天一个周期闭关，单独地决心念下去，一切会改变。也不一定七天哦，如果能心境专一，七个钟头都可以转变身心，不要被生老病死困住了，要自己跳出来。

刚才听到你们念佛，引起我跟你们讲这些法门，各种各样的修法很多，但是原则上是一条路。

第二堂

为了念佛法门用去了两堂，现在我们恢复本题十六特胜，先要知息入，你们这几天听课以后，有没有在这里面体会安那般那的工夫，我不知道。我的教育方法，你们每天要写报告给我，我每天都在批人家的报告，哪怕你写得狗屁不通，我也看，看了还要批。不能写理论空话，要讲实际修行的，今天怎么样的情况，修持的心得，心情变化。有几篇讲空话讲理论的，我懒得看了，就丢到一边去了，它已经离开本题了嘛。

所以听课以后要实践，这就是科学了；理论配合实践的经验，写出来的东西，简单明了的。甚至说我今天白过一天，什么都上不了路，这个是真实的报告。那我要找你谈话了，什么道理呢？生病啦，还是心里有烦恼？还是有什么别的啦？

我也有写报告的经验，我在峨嵋山闭关三年，开始我每天写日记，最后天天看佛经也没有其他的妄想。结果我翻开一看，大概有几十页“又空过一天”。第二天再翻，“又空过一天”。就不写了。但是我那个空过一天，并没有空过，是我对自己要求非常严格。其实我空过一天是昼夜坐在那里，想把一万多卷的《大藏经》，三年之中看完。每天昼夜要看二十五本到三十多本，我真的没有空过一天，还做记录。但是我觉得那不过是求佛法的知见而已，对我身心用功，我认为是空过一天。如果讲普通人做学问，我并没有空过哦，一分一秒我都没有松懈。所以讲写日记、写报告是这样。

息与观相关的修持

现在我们回到本题。十六特胜由知息入、知息出开始，刚才讲到这里，问你们有没有真正的体会。到了知息遍身，遍满全身，呼吸都知道，这是科学哦。注意黄医师跟你讲的，受精卵在母胎，细胞分裂像莲花一瓣一瓣的在开哦，是这样的变化，气也在这样的变哦。知息遍满全身，也很清楚了，但是你们很难体会啊。实际上五脏六腑都不干净，尤其是肠胃不清，产生障碍。所以我到现在常常告诉人，饮食的障碍比男女的障碍还要严重。饮食不是吃哦，你喝一点水，喝一点营养都是问题。

遍满全身以后，“知”不谈了，除诸身行，当然有知性存在，可是知性的作用不起了。也不是不起作用，是自然普遍存在了。然后到了受喜、受乐，进到初禅。然后到了受诸心行。前面是除诸身行，注意哦，到了这一步是受诸心行了，走到心行路线去了，对不对？然后心作喜、心作摄、心作解脱，到禅定境界，就是心了，到了心就是第七识了。佛法不是分心意识三层吗？前面属于意，第六意识是重要的。第六意识分别思想的根根在第七识。

到心作解脱以后，十六特胜去了一大半了。然后用观察了，观是慧，讲到了唯心方面。尤其你们这个读书的、学科学的更要注意了。我在前面曾讲过，后面这几个观无常、观出散、观离欲、观灭尽、观弃舍，并不是到后面观哦！有智慧的人，一开始知息入知息出，已经观无常、观出散了。尤其黄医师更要注意，知道息出入，息不要抓回来，安那般那一进一出是生灭法，我们的心念也不要抓回来。一切众生入胎以后，自己把自己的身体看得很紧，都要抓回来到身体内部。本来是一块铁，充了电变磁场了，把一切吸进来，所以禅宗叫你放下。

出散很重要，要与虚空合一。观无常，本来无常；观出散，不要抓回来，所以工夫不上路，都因为你抓回来。我们这个生命由入胎以后到出生，一切都是吸进来的，抓回来的。尤其心理上更是抓，要钱、要人、要命、要生意、要官、要权力、要欲望，没有放下。所以修行要观出散。后面这几个，在第一个开始已经用了，不要分开。

十六特胜有十六步的工夫，一步一步来。如果你平常问我是不是这样，是啊，是啊，你很用功，了不起，好啊！我那个“好”是骂人耶！很多人说老师你讲“好”，我说你懂不懂我的“好”啊？因为我没有办法骂你，也没有办法打你，你是个人嘛，给你面子。这个“好”字，以禅宗临济祖师的话“一喝不作一喝用”。一句话不作一句话，哪里好？没有办法答复你，就随便你吧！要这样仔细去参。

王阳明的知

给你们提到“知”，我们现在的认知、知道、思想，被现在科学认为是脑的关系，是脑电波，脑的反应。如果拿佛学来说，绝对不是脑电波的问题。你看我们一念之中转得多快，昨天晚上说一念之间，后来有人还来问我，老师，佛经说一弹指之间有六十刹那，也有说一弹指有九十刹那。你说计算机一弹指之间有多少振动？计算机显现的振动，就代表思想的转动吗？不一定哦。不能说科学家计算机的测验就准，我才不相信呢！那个分秒有数字可以计算的，我们思想的速度比那个快多了。比方你在写一封信的时候，或者看稿子的时候，你一边在看，一边感觉到身体，一边想到别的事，乃至想到中国、美国、法国、日本，转了一圈了，还不到刹那之间，还在那里看稿子呢！你看多快啊！所以写文章，或用计算机，都来不及写出自己的思想。

脑是身识的一部分，这个你要懂八识了。最重要的五遍行，就是普遍存在于第六识、第七识、第八识，以及前面五个识里头。你的意识思想里头同时具备这五个功能，是粗的，都存在。哪五个呢？作意，有意识思想，会思维，会思想，但是这个思想中间俱备有“触”、“受”。有感觉、知觉在内，都是一念，有“想”与“思”，快速得不得了。

有关这个知性，儒家王阳明的哲学讲“知行合一”。当年蒋介石先生，几十年前黄埔同学都受他的教育影响，都在研究王阳明的“知行合一”。日本人也在研究。明朝的王阳明由禅宗跳出来创立宗派，他是浙江人，影响东方文化思想几近五六百年，日本明治维新也受他的影响。蒋老头子当年的威风同毛泽东一样，他是校长耶，那个威权多大啊！但是，我在军校讲课时，拼命批评王阳明，一概不管。王阳明学过禅宗，也学过道，他也真悟了一些的！我说他只见到第六识，没有见到第七识。他的四句偈很有名。

无善无恶性之体　有善有恶意之动

知善知恶是良知　为善去恶是格物

大学之道，“物格而后知至，知至而后意诚”。他用《大学》的“知”讲本体论，及思维意识起的作用。谁敢批评王学啊！谁敢反对蒋校长、蒋委员长啊！我也没有反对啊，讲学问嘛，上课就直讲。那个时候我才二十几岁哦。我说王阳明也没有见道，只见了一点影子。认识了第六识，不懂第七识，第八识更不知道。我说第一句话是偷《六祖坛经》的“本来无一物，何处惹尘埃”，心性本体是无善无恶的，善恶是第六意识分别，是人为出来的，此其一。第二句是引用六祖在大庾岭接引惠明法师说的：“不思善，不思恶，恁么时是你的本来面目？”

这个还不说，我先问它的根源。你们的学识文化，大概还不知道，我说请问“无善无恶性之体”，我们人性本来无善无恶。无善无恶是本来都没有嘛，对不对？一切都没有了嘛，为什么说是“有善有恶意之动”？请问这一动的意是不是体上来的，有体才有用嘛；意动如果是由体上来的，意动就有善恶，可见体的本身有善恶啊。这以逻辑来讲四个字：“自语相违”。自己的语言，讲出来的自相矛盾了，违背了。等于说“不好不坏”。不好就是坏嘛，不坏就是好嘛，这等于没有讲嘛。所以怎么可以讲不好不坏呢？在逻辑来讲，这一句话不合理的，不合逻辑的。我常常骂同学们有时讲话不合逻辑，我问你这两天好不好？老师啊，这里气候……我说你先答复我，我问你这两天好不好，你说好不好就是了，啰嗦什么！

“无善无恶性之体，有善有恶意之动”，这一动是体来起用嘛。可见他是“自语相违”了。体上是无善无恶的，意动了就有善恶，那个意是不是体起用呢？等于海上波浪就是水，水一动就起波浪了，波浪是水变的嘛！就是这个道理。

第三句“知善知恶是良知”。这个是知性了。请问这一知是不是体上的用？体上起用，体既然知道有善恶，可见体是有善有恶了，有这个功能了。不然的话在哲学上就犯了三元论了，有一个本体是无善无恶的，有一个意是本体动出来的，有一个知在知道上，不是三个了吗？在哲学上犯了三元论的错误了。第四句话我不批评，那是行为哲学，一切宗教，一切教育，都是为善去恶，这句话没有问题。前面三句话讲本体论都有问题，所以千万不要搞错了。他是讲做人做事，道德行为都好；严格来说在哲学上讲是错误的，因为本体认不清楚。

知从哪里来

我们这个思维知性你说有善有恶吗？没有善恶你怎么会知道这个东西我要，那个我不要？这件事情我该做，那件事情我不该做？你说“我不要”，因为你的知性对自己说我不要了。“我要”是你的知性要了。这一知是什么来的？那你非懂唯识不可了。这是第六意识在知，第六意识的知哪里来？它后面还有个老板啊。第六意识的作用偏重于分别，思想，善恶、清楚、是非、明暗、喜欢不喜欢，都是第六意识在动。

但它后面还有个老板，这个老板天生的有个“我”，就是第七识，梵文翻音叫末那。末那的含义是根本我执。当一个胎儿由入胎变成人的时候，没有思想，没有感觉，没有作用，入胎的时候只有一个“我”的作用存在。每个人都有一个个体的我，这个就是意的根根，这个根是不起分别的。所以胎儿在娘胎里头，第八阿赖耶识来了，第七末那识来了，但是第六意识尚不起分别作用。慢慢成长到三四个月以后才有感觉，第六意识慢慢地一点一点形成，是污染上去的。这个很深啦，将来专讲的时候再讲。

那么这个“我”的意识哪里来呢？不是这一生来的，

不是父亲的精虫跟母亲的卵变出来的。母亲的卵变的是细胞啊、血液啊、肌肉啊。父亲那个精虫慢慢分化，这是说还没有完全严格的测验，究竟变骨骼啦，或变成别的什么啦。那么这个人的个性、思想、习惯呢？不是父母的遗传，遗传只是四缘里的一部分作用。我们的个性、思想是前生的，多生累世的习惯种子带来的，叫第八阿赖耶识，所以叫种子识。以唯识讲这个生命“种子生现行”，每一个人的种子，种子识，形成了现在的自己。其实“种子”两个字，也被人世间的物理世界向佛学借用了的；像稻子有稻子的种子，麦子有麦子的种子，香蕉有香蕉的种子……这个种子，那个种子，各自有种子带来。

再研究种子，我们岔过来，世界上的每个植物，一株花，一个芝麻，你把它的种子解剖来看，都是由两个半个合拢来，中间是空心的。世界上没有一个种子中间不是空的！连物理世界的中心，中间也还是空的。当然，现在科学还没有仔细分析到再解剖细胞基因，还要等待，最后还是空的。“种子生现行”，所以一对父母生的三个八个十个儿子，个性统统不同，习惯绝对不一样。双胞胎有时候相像，还是不一样。为什么呢？这是前生不同的种子带来的。“种子生现行”就是现在的感觉知觉，以及思想的行为所表达出来的。而我们现在这一生所经历的一切一切，所谓这个现行已经有了污染，又变成来生的种子了。

修行是改变什么

所以修行要从种子这里入手，修行就要改变心行，要从心行去转变。所以“转识”是如何修行把它转过来，修行就是把这个业识转了。有许多同学，很多朋友，男女老幼，你们大家都是我的朋友，你看每人个性不同，有时候我劝你们的话，也改变不了你，我也只好笑一笑，也不会生气。心里感叹，你的习气多生累劫带来，今天你叫我南老师，我一句话能把你改变得了，那就奇怪了，那是很难改变的。要修行的话，如果你不认识自己，自己不去改，佛也把你改变不了。

“种子生现行，现行熏种子”，这个种子是怎么来的呢？这个种子就是十二因缘。讲小乘的时候，佛没有清楚地说这个种子是什么；拿现在话来讲叫它一塌糊涂，就是佛说的无明，莫名其妙的，永远搞不清楚的，所以叫无明，永远是暗的，懵懂的。这一念无明来的就是种子，种子生出来现行。我们这一辈子为什么多病，为什么他没有病？为什么你那么发财？为什么我那么穷？为什么你那么胖，我那么瘦？这就是种子生现行，现行又熏种子。

因缘的条件

那么这个中间起的作用呢？刚才讲到王阳明，他太笼统了，没有讲清楚。所起的作用，由前五识到第六识，到第七识、第八识，都是因缘所生。因缘有条件，所以叫你们读玄奘法师的文章。我对他有点不恭敬，说他文学不够好，所以唯识给他翻译得越加难读。但是他又真是了不起的伟大，把《八识规矩颂》用中国文学作出来，真了不起。

譬如说眼睛看东西九个缘，你们都记得吗？九个条件眼睛才能看东西。眼睛有眼珠子、眼白、眼神经，这个不拿科学分析，如果以科学来分析就有一二十个缘了。粗浅来讲，我们的眼睛、眼珠子就叫眼根。我不过用我的知识范围先告诉你，我们眼珠子每人看的东西不同哦。现在我这里有一包烟，这个盒子大家看到是红的，眼睛对于颜色的分辨，拿科学仪器来分析，每人看到的红不同，你看到深一点，他看到浅一点。因为每一个人眼球的组织、神经、色素分别不同，不一样，大体上我们叫红，这个是现在科学。

我们不讲现在的科学，眼珠子叫眼根，这是个机器。眼珠子看前面的东西像照相机一样，它只会照，照下来的是什么东西呢？照相机不知道，是靠照相机后面那个人“咔嚓”一下，才知道这是猫，这个是人。如果研究现在的科学，眼珠子完全是个照相机，后面视觉神经才是能看见的。所以你近视了，是你视觉神经不健康了，影响到视觉。

回过来，眼根、眼珠子是一个因缘了，但是眼珠子前面没有空间、没有距离是看不见的。眼睛如果用手一蒙，就看不见前面东西了。所以眼珠子看东西，必须前面有空间。有距离就能看见吗？不行，还要光线的，黑暗中看不见东西，只看到黑暗。所以眼根、光、空间、现象（境）——我前面摆一包香烟，有空间，有光线，我眼睛看到香烟了——四个条件了。

可是知道这个是什么烟，不是眼睛知道的，而是第六意识、脑的关系了。第六意识不在脑里头哦，透过脑的视觉神经，第六意识分析了这是一包烟。什么烟啊？中华。这是第六意识有一个作意，就是有个意识在分别了，作意的分别就晓得这是中华烟。再看这个中华有两三年没有打开，发霉了，这都是意识分别，同眼睛没有关系。这个意识的分别带有善恶作用，有染污的——这个我不喜欢，你换一个牌子给我。分别以后有污染——佛学原来叫染污，我们现在习惯叫污染，其实是同一个东西。所以分别有染污的功能。

眼睛看东西的作用怎么来呢？气的关系。根本依是气，第八个条件就是根本依。一般讲唯识只讲根本依是习气，因为他没有经过修持，所以不知道根本依是安那般那这个气的关系。如果没有这个功能，你前面几个因素俱备也没有用。但是有根本依有气就有用吗？也不对，后面还有一个根源，就是第八阿赖耶识的种子功能发出来的作用。种子是前生，以及很多的前生累积带过来的。

种子发生现在的功能叫做种子生现行，现在的行为就是功能现行。我们成了人以后，这一生的经验累积起来又变成因果，他生来世变成自己的个性。身心的作用就是现行熏种子，互相为因果。互相为因果就是因中有果，果中有因，因果同时。不能说因在前面，果在后面，有时候因变成果，果变成因。这个是很细密的一个科学。眼睛看东西九个缘搞清楚了没有？九个缘，空、明、根、境、作意、分别依、染净依、根本依、种子依。

那么耳朵听声音呢？八个条件，耳朵听声音不需要光明，所以去掉一个。但是耳朵听声音也要空间，也要距离，没有距离把耳朵蒙住，就听不见了。鼻子闻东西，香的臭的，同舌头吃东西，好吃不好吃，酸甜苦辣，是七个条件，不需要空间。鼻子闻气味、舌头尝东西中间不能有距离的，这个是触跟受，接触才有感受，空明都不需要了。身体的感觉也只有七个条件。可是第六意识的思想在哪里呢？不在脑。脑是身识，识在七个条件下起作用。

第六意识身心内外都存在，不过它透过身体，透过脑在起作用，起思想。第六意识有五个缘——作意、境、染净依、根本依、种子依，空、明、根不需要了。脑是前五识的身根。佛学在戒律上讲，男女生殖器官叫身根；但是，正式讲生命的身根是脑。第六意识没有根，有境，有作意。由于第六意识有境，就有染污，因为它本身是分别的，有染污的；有根本依这个气，习气，有种子，所以能够思维、思想，能够有分别一切的作用。第六意识在身心内外普遍存在，在我们生命上起分别思想作用，你能够读书，能够研究科学，能够做人，都是这个作用，也是靠习气而来的。

习气与个性

为什么佛学讲习气？那是过去多生的习惯个性这个气，呈现出个人的特质。所以儒家讲，这个人气质不同。气变成质，变成细胞，个体的不同，个性就不同。所以“一娘生九子，九子各不同”，都是种子生现行，现行熏种子来的。

可是第六意识后面还有根根没有？有，后面有个老板，有个“我”。譬如两个人住在同一个房间，但是两个人思想绝对不一样，个性不一样，习惯不一样，各有各的想法，对不对？每个人都如此啊。所以人与人的意识思想也绝对不一样。

第七识就是我执。每个人有个“我”，这是意根。这个“我”透过第六意识思想才表达出来的。所以我们的言语是思想的作用，思想的表现，透过嘴巴、喉咙、声带叫做言语；在话没有讲出来以前，在里头是思想。所以佛也告诉我们，世界上一切文字言语都是靠不住的，并不能表达自己真正的心意。我也常常说，如果文字语言可以表达人心意的话，那么人跟人之间就没有误会了。实际上人与人随时有误会。我讲的话你懂了吗？大家说，老师讲得好啊，我听懂了。其实你一句话都没有懂！都是误会的。你说懂了，不过是把我那个话误会了。真懂的话，那是智慧，是般若，大彻大悟了。

我执后面那个根根是种子来的，种子生现行，这很难分别的，所以修行必须先转种子。现在佛告诉我们方法，先用安那般那把习气转化，再来改变种子，就是这么一个科学。这个生命多难啊，所以玄奘法师把九缘、八个识分析了，不是分析，是把佛讲的话综合起来，给我们一个方便。八识九缘，他写了四句话。我说他文学不好，但逻辑真好，顶礼膜拜，真的恭敬他老人家。

他说“九缘八七好相邻”，前五识，眼睛九个缘，耳朵八个缘，鼻、舌、身七个缘。后面一路接下来“合三离二观尘世”，怎么叫合三呢？鼻子闻气息，中间不能有距离，是直接的触受；舌头感觉到味道，也是直接的触受，不能有距离的；身体感觉到冷暖，舒服不舒服也没有距离，这三样识是合拢来的。离二：眼睛看东西，耳朵听声音都是有空间、有距离的。所以叫合三离二。观尘世，这个文字好难啊！“愚者难分识与根”，世界上一般人很粗心的，搞不懂。识就是精神、心的状态，根是生理的反应功能。一般人笨呢！没有经过科学分析，永远分不开什么是意识，什么是生理五官的作用。

梦境与独影境

这个第六意识很妙的，譬如我们睡着了第六意识不起现行，不像白天那么清楚，但是我们会做梦，拿现在科学研究，梦是因为你脑子没有全部休息，只是部分交换地休息。我们的脑子分好几个区，这个区睡眠休息了，那个区还在活动，现在科学讲这就变成梦境。这讲的是一部分道理，不完全，佛学唯识所讲的更全面。打起坐来你觉得很清净，知道这个境界很好，也因为脑子没有全部安静，只是有一部分安静。也就是脑子某区神经安静了，或者另一个区的细胞比较宁静了，而你那个智慧神经区另外发起作用来了。

等我们太湖大学堂建好了，有了脑科的设备仪器，我的希望都具备时，再给你们讲详细些。不晓得我的希望梦想能不能完成，不管了。当脑子宁静了或者睡眠时，你第六意识中白天的影像，像看了电视、电影，一切其他事情，或者这个人对我不起，你老公骂过你爱过你，那个影像就在第六意识梦境中出现了。呈现出来的是跳跃不定的，梦境就像某同学跳的流行舞，乱来的，这个叫独影意识。梦境是过去、现在、未来一切经验的组合，而那个影像的组合，又是不规则的组合，这就变成梦境了，佛学叫做独影境。所以精神病人所看到的东西也属于独影意识境界，那个明了清楚的功能暂时停止了，出现的是独影境。

我到台大精神病院看过，那个地方那么大，好几百个精神病患者在里头，还有些两手给铐住，看到我们都嘻嘻笑！我跟精神科的主治医师站了半个钟头。我说这个时候不晓得是他们有病，还是我们的精神有病。他说：对啊。我说你医治这种病，不到三年你也会进来了。那个医生后来还真进了精神病院。跟这个精神病的人搞久了，会觉得他们比我们清醒，我们反而不正常了，这是个比方。所以那个独影境界，在精神病出现，在梦境出现，也会在白天出现。譬如我们有时候看书，忽然一个影子想到了什么，已经是独影境界了。所以修行人自己要很清楚。以此看历史，那些大英雄或伟大的领导人，最后走入独影意识，把国家社会领导错误了，实在可悲，全体老百姓跟着他受罪了。

独影意识在打坐入定的时候也会呈现。所以有时打坐入定，哎呀，我看到鬼了，看到菩萨了，看到什么了，都是独影意识呈现。独影意识的呈现，在第六意识分为两种，一种是带质的，一种是非带质的，非量的。譬如有人睡觉的时候，听敲这个引磬，他在梦中听的不是引磬，以为有人打电话给他，梦中就讲电话了。他在梦中第六意识不清明，独影意识起了作用，把白天习惯的声音带到梦中。讲了半天还关了手机，都没有事，这是假的独影意识，是带质境。

又譬如夜里走路，我们看到那个影子，哎呀，那里有个鬼！所以我常常说，当我明白佛法以后，我从来没有怕过什么，夜里看到有个影子，我一定眼睛不眨冲过去，一看是手棍，或者一块破布挂在那里，哪里有东西啊！这是独影境的假带质境，再加上意识的害怕、恐惧、分别，就认为是鬼。事实上没有东西，这是科学的，就是第六意识的独影境。

昨天有同学问我关于知性，在梦境中那个知性是全知吗？是全部的功能吗？不是的，它只是一部分。所以今天带领你们，大概再讲一次唯识。

第三堂

生命靠自己控制

先修的十步

念死与白骨观

生命靠自己控制

我们下午讲到这个“知”，说明生命这个作用——知性。所以你看《楞严经》，是从见闻觉知这个方面入手，去了解心性本体的作用。而《楞伽经》则直接从种性，阿赖耶识入手讲到种性的问题。佛说人性的分类，像出家修道的人，有些始终是小乘声闻、缘觉种性，不是大乘菩萨种性，很难变动。所以人性的转变，要靠自己修行才能够完全转变。《楞伽经》里有一个名称叫“自觉圣智”，除非大彻大悟转变了，才可能修行而成佛。重点是种性形成个人的习气、个性、思想，它的作用完全不同。所以修行是改变自己，真改变了自己就是大英雄，成佛了。生命是靠自己控制，也就是“自觉圣智”。你看我们谁也改变不了谁，那是要自我觉悟的，有渐修顿悟的不同。《楞严经》最后有伟大的说明，不但心性本体不生不灭，如来自性，物质的本体，物理的本能也是不生不灭。我们只能大概介绍一下知性。

那么这个知性在生命里头，究竟是个唯物还是唯心的作用？我大概给大家介绍了一下，又反复再说八个识的作用，大家好像也知道这些名相，只记了名词，没有去用功研究。我认为你们研究的话，要把玄奘法师的《八识规矩颂》搞清楚，再把《百法明门论》搞清楚，这是完全要从学理，从科学方面入手，是倒过来研究的。

譬如说心性起作用“缘生性空”，缘生是讲物理、物质世界，人世间的作用，不是单方面的变化，是心物一元互相变化。本体是真空，所以要先从第八阿赖耶识开始研究。譬如讲到第八阿赖耶识，玄奘法师归纳得非常好，心性本体第八阿赖耶识看不见，摸不着。在一般经典里经常提到，“心不见心，识不见识”哦！你说我心在哪里？你自己能够见到自己的心吗？心不见心，识不见识。中国禅宗祖师们非常有意思，这些都不谈，就是要你见本来面目。世界上哪一个人见过自己面孔长什么样子？我们大家一定说都见过的，镜子看得明白。镜子里头看的不是你哦！看得也并不明白。天下没有一个镜子绝对准确的，而且以光学来讲，镜子的相跟我们左右相反的，肤色不同，所以镜子的影子也不是你。禅宗祖师叫你参一个话头——“如何是你本来的娘生面”，你妈妈所生的你是什么样子？你去找，找不出来自己面孔是怎么样的！所以心不见心，识不见识。

要明心见性是干什么？能够见到本来面目。相对的反射你见到了，因为你见到镜子中的自己。譬如前天讲到洞山祖师，他过河的时候见到自己水里头的影子，他悟道了。影子不是我，我也不是影子。以洞山祖师见道的因缘来讲，我们在这个世界上，走路、讲话、做事一辈子，都是我们的影子在做。譬如我们大家从台湾、香港、上海到这里来，都是影子在做；你究竟在上海，还是在台湾，还是在香港呢？

切忌从他觅　迢迢与我疏
我今独自往　处处得逢渠
渠今正是我　我今不是渠
应须恁么会　方得契如如

这是洞山祖师悟道的偈子，前天你们写过应该背来。“切忌从他觅，迢迢与我疏”，都是影子，都不是我。“我今独自往，处处得逢渠，渠今正是我，我今不是渠。应须恁么会”，他说你应该这样去修行，“方得契如如”，才达到佛的境界。

“切忌从他觅，迢迢与我疏”，这是讲知性这个问题。但是我们讲了半天不是在说道理，而是要大家真的认识修行要从安那般那修呼吸入手，才可以很快即生证果的道理。这个重点你要认识清楚。所以先从知息入、知息出开始。

现在用很短的时间，先听一下大家这两天修行有没有什么问题，鼻子塞了啊、心痛啦还是什么？这两天听过以后，自己修持的经验，觉得什么是最需要问的问题。现在我问你们，你们一定想不出来，等一下过了以后，一定是很多问题要讨论的，这是习性。譬如我们很多人怕冷、怕热、怕风，那是体能的问题，需要自己医药保养跟调整。还有非常重要的是要自己研究，用安那般那体会自己的身体、习性。第八个缘叫做什么依啊？根本依，是气的问题。所谓气就是根本依加一个习惯，是心理的。至于怎么去转变它，与医学的道理很密切了。如果懂了以后，中西医配合起来，用方法可以治疗，也有方法可以改变自己。所以我说本师释迦牟尼佛留下来给我们的，是真修行的经验，也就是这两个重要的法门，一个是修安那般那出入息，另一个是修白骨观。

先修的十步

佛在《增一阿含经》里头归纳起来，教我们修行的方法，共归类十种，就是十念。每一个方法里又分化出很多修持方法，第一念佛。第二念法，念法就是把佛说的一切经典的道理参透后产生的方法。第三念僧，念大阿罗汉僧、圣贤僧，譬如我们修安那般那的方法，先照祖师们的经验就是念僧。四念戒，戒律的戒，不是一般所讲的比丘戒、比丘尼戒，是起心动念都是为善去恶，每一念之间有八万四千烦恼，就有八万四千条戒，念念回转，念念持戒。五念施，布施，把一切放出去丢掉，“念出散”也就是念布施。六念天，就是念三界天人。

为什么我们会变成人，生在这个世界上？欲界里头天人的身体不是我们这样，所以研究天人，佛所讲的很奇妙。欲界的人，在这个世界上是靠妈妈生的，从下面出来的。上界的天人是男人生的，在男人的头顶上，肩膀上就出来了，一出生就等于我们人世间六七岁那么大。讲出来都很奇怪，很神妙。所以这六个方法，属于宗教性的多。

下面是科学性的。第七念安那般那，念呼吸法。第八念休息，放下，一切都要放，大休息。祖师们常常都叫大家放下，谁能真放下大休息？《楞严经》上佛说两句话"狂心自歇，歇即菩提"。我们把一切妄想、烦恼、善恶、是非统统放下的时候，你就证到了。这八个字中文的翻译很高明，"狂心自歇"，一下都放下，"歇即菩提"，就到家了，就明白了。可是我们做不到，所以密宗里红教有个禅定休息法，等于禅宗一句话"放下"。

第九念身，其实我们大家都爱自己，念身体，此身本来不净。所以佛教的基础四念处，念身不净就是修白骨观、不净观。念身不净，包括安那般那的认识气与脉，都与念身有关。

第十是念死。死了以后这个父母所生身体的四大分化，根据佛在《增一阿含经》的记录，都综合起来。其实我们一上座，两腿一盘，眼睛一闭，假定当下即死；死了就是死了，死了以后不管天下怎么变，你放心，太阳照样出来，社会永远在运转，与你一点都没有关系。你走了或不走，对人生，对社会，对父母家庭孩子，也没有什么好，也没有什么不好。一上座就死了，就放下，念休息。

然后上座修白骨观，最好一上座就假定自己已死，这个全身肌肉、内脏，一切都布施给饿鬼所有众生吃了，连白骨都化成灰尘，虚空了，很简单。白骨观的第一观，人本来有这样一天，不过观现在就是。这里有个白骨架子摆在这里，白骨是地大，上面绕了很多电线一样的经络，生了很多的肉，就变成漂不漂亮这么一回事。这是白骨观，然后观这个白骨还要化掉，最后我们断气死了，火大没有了，烂了、臭了是水大变化。水大干了以后一切都没了，最后骨头风化掉，空了，连这个架子都没有了，这是修白骨观。

念死与白骨观

假使你上座就念死，修白骨观，就是这个骷髅架子，里头有气往来，有生命的活动，这就是我们的本相。这个骨架子等于我们盖房子一样，泥巴贴起来，外面包一张皮，就变成一个人，就是这么一回事。所以先念死，念白骨，你很容易轻松。安那般那呼吸，气就在这个里头走，最后化光、化空。所以我说宋徽宗那句诗很好，“生死徒劳木做皮”，为了这个骨肉，还动用几块木板钉拢来，把他包着埋下去，这是人类玩的事。所以世界上像西藏人的天葬，给鸟吃了；还有丢在水里头的水葬；如果一把火烧了，火葬，是印度传过来的，现在习惯了，是最好的方法。所以佛教的名言“一火能烧三世业”，过去、现在、未来一把火都清净了，火化以后变成灰。

在十念法里头，刚才讲一上座就念死，如果工夫到了，你看很多的祖师，修到了最后，预知时至，知道时间到了两腿一盘，给大家讲声再见就走了。

讲到念死修法，念安那般那配合白骨观，会很快上路的。不过话是那么讲，诸位能不能真做到呢？就靠自己了。我们讲过很多次，以我的经验，修法就是那么简单。老实讲，当你身体难过病痛的时候，就直接修白骨观。譬如感到胸口闷，你就观想这个白骨，把身体一切布施众生，假想自己吃了其他很多生命了，该还账，该吃回的都拿去吧！你一观白骨的时候，身心很容易轻松了。真观想成功，并没有怎么用力啊。最后连骨头也拿去啃掉，那也还得很痛快。

修白骨观配合安那般那这两个修法，在《达摩禅经》叫“二甘露门”，最宝贵的。我们今天把安那般那、不净观先告一个段落，等一下我们再转入知性与心性的关系，实际上是连贯的，稍稍变一个说法罢了。

现在你们休息的时候，可以讨论了。重点是讨论这几天讲的，讨论要抓重点问题，现在有疑问的提出来。

第四堂

普茶的礼仪

师生问答

生活习惯

元神分阴阳

一僧一道同赏花

意识 识神 元神

八仙 夺舍

西游记的人物

普茶的礼仪

丛林下面请普茶，是普遍请大家喝一杯茶。你们没有看过日本的禅堂，普茶规矩很严，大家都坐在位置上，每个和尚端好自己的碗，有人倒茶连送点心。喝完了茶自己擦干净放起来，吃饭还是那个碗，都在本位上。刚才大家忘记了我讲的，在上座的时候请普茶，免得散开了。结果他们很客气，每个人前面到处跑，都送到了。茶倒不要紧，辛苦比茶还严重。这是讲普茶，“请”是客气话，请用茶吧。有个电视可以看到日本曹洞宗有些禅堂是这样。我们这里一切是自由的，不过也要知道这个传统，不然你讲普茶，有个日本和尚坐在这里，听到要笑我们了，中国自己反而没有规矩。

出家人出门带一个碗，印度话叫钵盂，就是饭碗。印度人吃饭用手抓，不过后来到中国来改用汤匙。一瓶一钵，瓶是装净水的，出家人永远带着这个，吃饭也是这个，喝茶也是这个。吃喝完了自己收拾干净带走，没有我们这样麻烦。所以唐末贯休禅师在杭州，跟越王钱镠有意见，就离开到四川去了。我们看到有十六罗汉像画得非常古怪，就是他的画。他到四川去有两句诗——“一瓶一钵垂垂老，万水千山的的来”，这是讲普茶想起来他的名句。他说人老了，背弯起来了，头也低下来像花一样垂下来了。你看我们戴博士更是从法国来，岂止万水千山，不过现在是空中来的。

我们大家聚在一起，很难得的机会，所以通知上写一个礼拜或者十天，预定临时再通知诸位，看来明天晚上可以圆满了。因为真正常住在这个禅堂用功不容易；有人申请吗？常住进来，永远不出去的哦。你举手啊！准备一年还是两年都在这禅堂里生活，跟古道一样？连古道都靠不住，何况你啊！李博士举手了，这一举手很难哦！

师生问答

某同学：老师我有问题问。

南师：你说。

某同学：这两天修安那般那有个问题，就是平常观现在心不可得，观出散，反而很容易得到知息遍身，全身很舒服，微微带点知息入、知息出。但是假定单独注意鼻子的出入息反而感觉身体很难受，是不是原来的办法是对的？

南师：原来的方法对的。因为讲了以后被法所困，你原来已经知道，已经有个样子了嘛！从那个方法原路走下去，带到一点知性就对了。

某同学：所以原来是对的。

南师：不是原来那个方法用对了，因为你只讲第一步，后面的呢？你原来放轻松很自在，反而不用观呼吸配合，而自然觉得呼吸往来细微了嘛，对不对？你讲到这一步，但是再定下去就细微了。知息入、知息出，你做到了嘛！等于原来方法的六妙门的随息了，你没有到第三步止息。

某同学：是的，老师，在这里面再进一步，包含在办事的时候，观想全身的细胞都在出入息，那是很容易帮助办事的。

南师：对，没有错。

某同学：但是没有真正止息。

南师：是没有真正止息，那是用观想的方法。你说你在办事的时候，你平常用这个方法来观每个细胞出入息，对不对？等于是后面第十二观无常，是不是？希望再向前进。

某同学：这里面的问题就是止息，也是因为不努力没有真正进入止息。

南师：这个不能说是你不努力，你是在家人，事情又多，能够做到的话，那是大菩萨境界。大菩萨境界才能在世俗做到随时止息，因为这个止息方法是专修的。由你开始所讲放任自然，知息往来，念头也跟着空了，连带呼吸都微细了，甚至缓慢了，但是没有达到呼吸止了。所谓止了，几乎是没有呼吸，停了。假使别人来测验你，这个时候放一点棉花，或一点薄薄的纸在你鼻子下面，都不动了，你自己也心念清净了，杂念妄想没有了，呼吸才算达到止息的境界。然后内息起来了，身体气脉起变化了，这一步到后面非专修不可。如果说入世做事，又想达到止息，那是不得了的大工夫。所以数息、随息、止息然后起观，这是真工夫了。如果你到达那里，你会感觉自己这个身体或者开会，或者做事，好像没有我，完全都在做梦一样。乃至跟部下，跟你的同事们讲话、开大会，完全在梦境中。整个的身体内部变化了，饮食男女习气统统变化得很大很大。现在还没有到，还要真正地努力。

某同学：往往就是傍晚的时候，开会的时候，比较容易达到那样的情况。

南师：这里头你讲的有一个问题对了，为什么每一个人体会不同？有些人上午好，下午差；相反的，也有人上午的精神比较差。一般人尤其现在都市的生活，夜里睡得迟，上午精神差；下午快到傍晚的时候精神最好，尤其晚上的精神比白天更兴旺，昼夜颠倒了。这是阴阳反复，违反了大自然的法则了，可是养成习惯也可以，这样一来晚上的精神反而好了。譬如一个打牌的人，过夜生活的人，尤其像这些搞艺术音乐的，晚上精神越来越好，到了天亮五六点时最差，疲劳要想睡觉了。如果过了那个时间又不同，这与本身气脉及大自然都有关系，也是科学问题，将来再研究。

生活习惯

你刚才提的问题，晚上精神好，进入阴境界以后阳气起来了，这是生活习惯，活动惯了的关系。譬如他们正式出家的修行人，住山林或禅堂惯了，夜里四点钟起床，几十年习惯。像李员外他就讲，现在半夜四点钟就醒了，还到外面走一圈。当然他不是出家那个习惯，是生活的习惯，次序变化了。修行真到达的人，昼夜长明。

譬如我现在给你们上课到晚上，因为我把昼夜完全调动了，几十年搞惯了。我早上起来，或者坐一下，喝一碗豆浆鸡蛋，就是这样给你讲一天。像今天下午，感觉到特别疲劳，所以我说某人玩聪明，又犯了我一个戒。我已经够疲劳了，大概又有一点外感风进来，所以我早一点回去休息。他这位老兄聪明得很，就在门口堵到，要拿书来叫我签字。我本来想给他签，后来一想不能签，我如果真的给他签的话，别人以后跟着学了。此风不可长，此例不可开。所以我笑笑说，等一下再说，其实我那个笑是苦笑。

回去我告诉身边同学，我要休息了，你赶快给我煮一点面。我每天就是这样过了，夜里算不定工作到天亮，我也在做事耶！这是个在家修行的生活，随时是这样。譬如我今天晓得有事，就告诉他们快到八点时叫我，以防万一休息过头了。后来我听到一个声音叫老师老师，到时间了。我说谢谢，就赶快起来。这是说我的生活状态。

我现在跟你们讲话，也像在灯影中行。想起禅宗南泉祖师有一句话，是他的工夫，他说到某一个时候如灯影中行，自己觉得是个灵魂活在这里，这个肉体是不相关的骨架子。南泉祖师还讲一句话，“时人见此一株花，如梦相似”。翻成白话来讲，花开了，他说有人看这个花，如在梦里看花一样。这是他的境界，所以如梦如幻不是形容，工夫到了，这整个物理的、物质的现实世界就是一个梦境，不是空话，要真修持到那个境界才是。这是答复你这个问题，所以你要真实地努力，这个与饮食男女等等习惯都有关系，通通要改变的。

元神分阴阳

这里有个问题，黄医师刚刚写条子给我，他问：道家所讲元神这个作用与知性是否有关系？这里一般没有好好研究过道家，现在解释一下。道家修神仙之道，工夫到了可以修出身外有身，就是肉体以外有个生命，也叫元神。道书上画一个人在打坐，头顶上出来一个我，同自己一样。普通有些人打坐用功或睡觉，偶然碰上看到自己身体在睡觉，在打坐，看得清清楚楚，认为那个是元神。

元神分阴神和阳神的，他并没有死亡，这个肉体也有呼吸往来。可是那个能真看到自己身体在睡或打坐的是阴神，不是阳神。阳神是什么呢？你工夫到了，也是修安那般那一样的路线，到达了神跟气凝合了，这个身体另外出来一个身体。就好像不要经过投娘胎，就用这个肉体生成另外一个生命。如果再经过投胎，还要找个妈妈来投胎才行。阳神同天人一样，不靠娘胎了，而是自己本身四大，用本身精气神跟元神配合，跟意识配合生出来一个身体。这个生命是自己生出来的，他这个寿命就不是这个肉体的寿命，但有形有相。也许到你前面还跟你说话，其实他的肉体还在睡觉，还在那里打坐，这个叫做阳神。至于谁修到了，我不知道。

黄医师喜欢研究道家，他问的问题是正确的，那么我们现在解释了阳神、元神跟阴神的差别。譬如道书上讲，有许多修佛家的都是阴神，不是阳神；因为他们不修安那般那，精气神没有合一。所以有一个一僧一道的故事很重要的。

道家和佛家两个修的路线不同，佛家笑道家“只修命不修性”，只管身体，养精气神，祛病延年，长生不老；但是不参禅，不管心性的道理，“此是修行第一病”，是修行犯的错误，因为只走半截的路。相反的道家笑佛家，“但修祖性不修丹，万劫阴灵难入圣”，你只修明心见性，没有炼丹修这个肉体，达到精气神变化出来另外一个生命，就不能即生成就，也是走一半的路。这是中国文化，与生命科学有关。他提出来问得好，我答复你，不然你们也不知道的。

一僧一道同赏花

所以有一个道士一个和尚，两个人都认为自己元神成就了，那个道士就说老兄我们一起打坐，同时入定。他们是唐末五代的时候，在西安这个地方。一个说现在扬州的琼花正开，我们到扬州的道观一起去看琼花。好吧！两个盘腿打坐走了，到扬州两个人也在一起，一僧一道，都是元神出窍离开身体。看了琼花喝了茶，回去时要留个纪念，每人采一朵琼花带回去。回到西安，彼此出定一笑，这个道士说拿花来，我们两个人各摘一朵的。走禅定路线的和尚袖子一摸，没有啊！那个道士的袖子一摸，有花。这就是不同之处了，佛家那个出的是阴神，道家这个是阳神。总而言之，这个叫做元神出窍。

道家有这个修法，有没有这个工夫呢？不但道家有，密宗也有。所以密宗有时候烧化时彩色光明，还现一个身体给你看。那么一般认为修到这个样子是成仙成佛了，其实还早呢！这不过初步而已。黄医师今天问的问题，元神与知性是否有关？这是知性本身的功能，就是化身的作用。报身修成就了，修到身外有身，然后才能生起化身。真正的阳神有实体的，如果是阴神，无相有待，没有真实形象，只是自己觉得有。这就是佛学讲的，像梦中的身体一样。梦中的身体会走路会说话，会吃也会玩，也有喜怒哀乐，但不是实质的身体。

元神出窍的阳神是有实质的，身外有身，所以佛家说修到百千万亿化身，不止是一个，还可以化身很多很多。据说如此，但是方法上、理论上有很多的不同法门。你问得太高深了，一般禅堂你会考倒人的。黄医师不简单，姜还是老的辣，他老是拿那些辣的来辣我。

你问元神与知性是否有关，当然有关啊！拿佛学唯识道理来讲，带质境，带四大地水火风的物质修这个身体，工夫到了才有这个化身，就是修到了佛菩萨。这样答复可以了吧。

意识 识神 元神

第二个问题，识神与意识是否同一个？这个也关系佛道两家的。识神不是元神，佛家说的自性略等于道家的元神。识神是什么呢？刚才讲元神分阳神、阴神，修到了还是离不开第六意识、第七识、第八阿赖耶识。因此后世的道家、佛家叫它这个东西是识神的作用。识神当然与意识有关连，是同一个，但不是普通第六意识的分别妄想。拿佛法来讲，如果到达了初禅离生喜乐，二禅定生喜乐的境界，他的识神元神可以起分化的作用。你问的问题意识与识神是否同一个？是同属识，但作用不同。

所以禅宗祖师有一句话，特别要注意了，讲识神、元神的关系。

学道之人不认真　只为从来认识神
无量劫来生死本　痴人唤作本来人

“学道之人不认真”，修行学道的人，道理没有认清楚。“只为从来认识神。无量劫来生死本”，我们中阴投胎那个也就是识神，佛学叫中有身或中阴身。就是一念无明进入娘胎，就是第六意识兼带到，带质来的，但智慧不清楚的人，认为这个是生命的根本；实际上是唯识所讲的带质境来的，这个识神就是元神的一种，换句话说，就是阴神。如果是真的阳神出窍，那已经是真正的化身了。这些工夫，这些修持都是实际的。所以你问我识神与意识是否同一个，是同一个，但是要禅定专一，大阿罗汉才做到。

所以这里有一个问题，你应该问，佛吩咐迦叶尊者，罗睺罗、宾头卢尊者，还有一个君屠钵叹，四位大弟子留形住世，那个是阳神还是阴神呢？那是真阳神了。他的肉体跟元神合一的，那是报身、化身，等于三身俱足在一身。再分析起来，道家讲所谓法身是元神，报身是精气变化，化身是把元神、精、气，像化学一样综合在一体，可以分化出很多很多，这是生命的大科学。讲到道家，最近有几处道家的人也在找我，希望把中国固有道家的文化弘扬起来。

另外识神与意识这个问题，黄医师清楚了吧？还有问题没有？他问的都是非常实际的问题，有人不是要讨论吗？这个是该讨论了，看你问的问题有这些架势没有，没有这些架势就不是问题。

八仙 夺舍

关于阴神、阳神出窍，你们都知道道家的八仙，八仙不是同一个时代的人。锺离权、韩湘子、吕纯阳、蓝采和、曹国舅、张果老、铁拐李，只有一个女的是何仙姑，所以叫八仙过海，各显神通。这八个仙人代表了汉、唐、宋好几个不同的时代。譬如曹国舅是宋朝的，蓝采和也是出家修道成功的。道家方面这些故事很闹热，你们也没有见过，我也很少讲，讲了以后就会讲到神秘学去了。

锺离权是将军，军人出身出家了。八仙里头故意把他画得肚子大大的，他是汉朝人，吕纯阳是他的弟子，他的报身（肉身）永远存在的。还有一个铁拐李（李玄），缺一条腿，拿一条拐杖。这个铁拐李，他原是个书生，人长得非常漂亮。他修到元神出窍，工夫都到了，是阴神阳神之间，还没有百分百地完成。他有一次入定时元神出窍，出去玩了，譬如身体在这里打坐，神跑到法国、美国去玩了。那当然不要买飞机票，一下就到了。入定太久了，元神在外面云游，所以中国这两个字形容得非常好，像云一样轻松自在地游玩。你看到阳神，真的神仙，大阿罗汉来，你分不清楚他是神仙还是罗汉。看起来是个普通人，也许故意变得很难看，也许变得很漂亮在你前面晃，你也不知道。

这个铁拐李云游回来一看，完了，因为徒弟以为师父死掉了，摸摸鼻子一点呼吸都没有了，其实身上还有温度的，但是他徒弟不懂，这是唯识讲的暖寿识三位一体，光是呼吸停止不算死亡的。徒弟们不知道就把他抬去烧化。烧化以后他刚好回来，急死了，怎么办？还差一层工夫，再去投胎来修，又花几十年工夫，划不来。道家有一个法门叫夺舍法，密宗里头也有，藏文叫“颇瓦”。后来贡噶师父告诉我，密宗已经没有这个工夫了。我跟贡噶师父讲，道家有。他说你知道？我说知道。他说那你告诉我，我说不行耶，你要告诉我女人怎么修。他说你这个人真奇怪，为什么问女人怎么修呢？我说那你怎么也知道啊！你也是男人啊！他就哈哈一笑。我说我将来算不定度那些女人，也可以教她们的啊。我说师父啊，我们两个交换，他说好。

夺舍就是找一个“新房子”，这个有戒条的啊！你不能把人家的身体弄死，把灵魂赶走，自己进入这个身体，那不得了，那是犯无间地狱的罪。侵占人家是不可以的。夺舍法有条件的，或者是刚生下来的婴儿，正好他一出生就死，你可以进那个身体。可是有戒条，一旦变成这个婴儿，要装糊涂，话也不会讲。不能一进去婴儿就讲话了，人家说你是妖怪，把你杀掉了。进去以后你要装傻，哦这是姑妈，这是娘，这是爸爸、爷爷，都要学会。如果是中年人身体，要弄清楚这个身体好不好，为什么呢？道家说“此身无有神仙骨，纵遇真仙莫浪求”，没有神仙的种子，光靠这个四大的身体，是不可能修成的。有仙骨仙气的身体好难找啊！找不到的话就永远变成阴神、灵魂，这就叫鬼仙了，是最差的一种，也是仙，但就不能成神仙了。

铁拐李急坏了，徒弟把他的身体烧化了，忽然看到路上有个叫花子，刚断了气。那个叫花子缺一条腿，可是他这个肉体有神仙骨，他就借用了这个身体进去了，变成铁拐李，借他的身体来修炼，不转身，不入胎。所以道家和密宗很多修法是有戒条的，我只能讲到这里，后面真正的东西不能讲，这个在道家是泄漏天机，是生命的机密。所以密宗真正转生的活佛，千万中也没有一个，看到喇嘛就叫活佛、仁波切，我听到就笑。最近有些喇嘛活佛来看我，我照样供养。你是活佛啊？这些活佛对我蛮谦虚的，说不敢不敢。不叫你活佛，叫你喇嘛很客气了。喇嘛就是法师、大和尚的意思，真正的活佛太难得，看得出来，一望而知。

道家的护法叫王灵官，骑在老虎身上，手上那个手印很难结的，我现在好久不用了，一只手，不准两只手帮忙。

因为讲到这个元神、识神与修道的关系，老实讲，这一次给你们讲十六特胜，六妙门是基本修持，你到时候慢慢会知道。所以心气合一，实际上精气神三样合一，此身可以修得出来，不管男的女的，男生修成变女生也可以，女生修成变男生也可以，据说就是这样。

西游记的人物

明天讲《牧牛图》，是有人提出来的，好像我讲过一句话，他就抓牢了。讲台前面摆了一条玉的青牛，刚从外国运回来。这一条牛是中国去的，在美国买的，由美国运到加拿大，加拿大再运回来，走了一大圈。老朋友回来，沙弥看到说好高兴哦。老子骑青牛出函谷关，牛的故事同禅宗修道有关。

《西游记》就讲两个东西最厉害。孙悟空和牛魔王是拜把兄弟，这两个没有结过冤，只是牛魔王的太太跟孙悟空是死对头。两兄弟被太太挑拨变了冤家，可是悟空跟牛魔王没有变成仇敌。悟空是第六意识，心就像猴子，翻天覆地。那个马是龙马，心猿意马。第七识是沙僧，专挑行李的，是那个“我”，我们的“我”背着自己这个身体，跟孙悟空最好也是最坏的。猪八戒是情绪、情感，喜欢乱七八糟，喜欢男女关系，喜欢吃，吃得肚子大大的。所以《西游记》是写整个修持，九九八十一难，修行每一个魔障都过关才能成佛。牛就是脾气非常犟。

禅宗与道家跟牛最有关系，小说上骂修道的道士叫牛鼻子老道，因为老子骑青牛，我们的心性个性变不了，就是一条牛。所以禅宗有个《牧牛图》，我明天告诉你们怎么把这一条牛管好，你才能成道。所以牛魔王跟孙悟空两个是对立的，这是以小说来讲。禅宗祖师讲牛的故事非常多了，要把一条牛驯服你才能得定。

至于牛魔王的太太那真厉害，叫铁扇公主。对不起啊，女性同志们，铁扇公主和牛魔王生的孩子叫红孩儿，后来观世音菩萨把他收了，做观音菩萨的侍者。红孩儿脚踏风火轮，手拿火焰枪，谁也拿他没办法，最厉害，就代表心意识的拙火起来了。现在大家考据《西游记》，讲铁扇公主管的地方在新疆过去一点，那个地方有个火焰山，是很热。孙悟空带师父过不了火焰山，因为铁扇公主在这里，不让过去。铁扇公主的法宝是一把扇子，这个扇子这样一扇，这个火焰山变成清凉世界；翻过来一扇都是火，谁也过不了，所有罗汉神仙都不能过这个关。她这把扇子打开一摇，整个宇宙都起火了。一收放在嘴巴牙齿缝里。

女人这个嘴巴就是这把扇子，这么一扇就清凉，那么一扇，你男人就完蛋。孙悟空最怕铁扇公主了，碰到她一点办法都没有。嫂子，你扇子不要扇我！猴子一身都是毛，火一扇毛烧光了，他就拼命跑。只有找观音菩萨，先把她的儿子收了，然后收了铁扇公主。这把扇子，孙悟空想偷也偷不了。有一次被孙悟空偷来了，反而扇得火更大了，赶快丢掉。所以《西游记》这个小说写的都是工夫的路线，很有意思，明天再说吧。

第七日

第一堂

禅师和禅的教育

功德智慧

文化传承的忧心

谈心得

禅师和禅的教育

今天是第七天了，上这个课，就是我发的那个通知所说的，是为了自己内部测验一下，同时也希望给少数在一起的朋友们多体会一下这个事。也由于顺便想到回到国内这些年，在香港、台湾各地的老朋友们，所以要大家一同来聚会体会一下。

这一次不是打七，你们不要搞错了，打七两个字本来是禅宗开始，目的是"克期取证"，以七天严格的规定时间，在身心工夫上求证这个佛法。后来后世慢慢形成规矩，几点钟起床，几点钟上座，下座以后怎么行香，行香以后怎么上座……就是行、住、坐、卧这四个生活方式上去求证体会。

明清以前所谓禅堂的打七，除了百丈禅师当时有丛林清规外，其他禅师也各有规矩。不过，后世禅堂各家所立的规矩，一概不必顾及。所以你看看唐朝末年黄蘗禅师，他就批评说"大唐国里无禅师"，把全国都骂了。人家说，现在好多禅师到处弘法，你怎么一句话都批评了？他说："不道无禅，只是无师。"真懂得修行、自修而领导别人修的，这种师道没有了，只死守一点死规矩，那有什么用啊！教育的目的是临机应变。所以现代教育可悲，也是死规矩，补习考试，把学生都搞坏了。佛学的教育是应机施教，看他的智慧，看他的性情，看他的身体等等，抓住那个特点去教育他。真正的中国传统文化儒释道教育，那是非常灵活的。所以教育是最难的事。

讲到真正禅堂打七，大和尚是不多讲话的，不像我们这样的讲，而是用功。你有疑问，有心得来问一下。有时候打一棒，挨了骂走了，再去用功。偶然抽个时间叫做小参，放松一点，问几个重要问题。我到台湾的时候，完全没有打七的影子，我开始的打七，到晚上都小参，每个人报告一天的修持经验。我开始领导打七的时候，有时候有一百多人，晚上从七点钟上座，坐在那个位置上六七个钟头，听每一个人报告，听完了做了结论才休息。现在你们要提讨论，我都不让讨论，因为在上课，没有时间让你报告，也不问你；你们也没有写报告，也不知道你们在这里干什么。

一些老朋友们，我的通知上本来说七天到十天未定，我给自己留一个余地，给大家留一个余地。尤其这几位朋友们都有工作，能够抽出三五天已经很捧场了。现在看来七天差不多，不过有少数远来的，像戴博士从外国回来的，她也很忙，有心得，要趁这个机会修持下去，当然非常欢迎，不需要受这个时间限制，那是少数几位，这是第一。

功德智慧

第二，有些朋友说来这里久了，好像很过意不去，或者是供养也好，捐钱也好。我说你不要搞这一套，这一次通知上没有这个事，已经讲明了，大家就是想要帮忙的话，我们这里也还没有开始。未来的事怎么做，还麻烦痛苦得很呢。大家如果有心，有共同愿望，要想真正对社会贡献，做一点文化教育事业，或者做研究工作，当然很需要钱。到那个时候再说吧，现在不谈这些。万事要看大的方面，不看小的，这不是住旅馆，也不是讲人情，这个账你还不清楚的。

我的一生，出来搞这个事，当年曾经跟我老师两个人讨论，我们两人的意见刚好相反。那是抗战的晚期了，我的老师认为弘扬文化、佛法，还是像过去一样靠帝王的政权。我说时代不同了，今后的社会，弘扬文化靠社会，靠资本，靠群众，不是说一定靠资本家，是靠社会群众自己去推动发展。帝王也好，民主也好，政权帮不上忙，也许还有妨碍。我的老师一听那个脸一摆："你这个孩子……"我说："先生啊！这是时代必然的趋势。"

现在几十年下来，他老人家也走了，证明我当初的想法是正确的。我说我一生想双手布施，一手布施智慧，法布施；一手是财布施，靠人家供养、帮忙是很难的。人生就是两件事难舍，第一是金钱物质很难舍，尽管说那是身外之物，几个人肯把身外之物布施出来啊，谁都做不到。

不晓得你们做到没有，我想我还做不到。第二是生命精神肯贡献出来吗？理念上讲讲是有，真做到很难。不过回想检讨起来，也有人还有一点上路。有人听了我说的很感动，大家也有这个想法，所以我刚才讲七天聚会不必要牵挂，以后的事以后再说。

在这里齐聚一堂，把我的理想当做共同的目标很难了，不要看起来容易，包括做工的，能够发心当成自己的事情一样完成，太难了。我不要求人家，吹牛容易，做起来很难。这个地方，这块荒地，所以搞成这个样子，我不是表扬大家的功劳，只是先讲事情的感想。所以这两天这个朋友某君很委屈，我经常经常打他的棒子。

他跟那位老板本来是好朋友、伙伴，两个人同乡，都是安徽人。他这一次关于江西的五宗祖庭做了功德，还是他动心开始的。但是你们两个注意，禅宗的二祖、三祖、四祖的道场都在你们家乡，非常的庄严，你们千万要去保存，不要被变成观光的地方，这里去还很近呢！先不要管五宗祖庭。二祖、三祖、四祖你们两个都没有去留意，真是“灯下黑”，蜡烛点起来照亮他方，看不见自己了。这并不是叫你们去修庙子哦！至少两个人要发愿，保持这个道场，不要变成什么卖门票啊、观光啊、游览啊，破坏了。不过，天下事也是没有不坏的，坏了就坏了，祖师们的事业精神永远留传的。据说那里风景好得很，我也没有去过，现在交通很发达，在这里坐车子去，几个钟头就到那个山上了。

我说某人很受委屈，其实他自己不知道，我是希望他自立而后立他，自己的修养先要真做到。他聪明，我只讲你聪明哦，我没有说你有智慧哦！内在的修养先把自己宁定下来。你做了许多的大事，比如对付沙尘暴，你个人去做了。要检讨自己是好玩呢？还是发心？你是发心，可是自己就犯了一个错误，因为这不是靠个人或者少数人的力量能成的。他也很辛苦，个人有没有功德？有功德。然后来见我，正好又碰到政府叫他去做扶贫。扶贫跟治沙一样是好事，我认为只是一点点而已。他要去做，我当时赞成，我说好啊！那个杨先生也在做扶贫啊，他是小点在做，我也赞成，可是他也做怕了，烫手山芋，其中有一个大道理的。结果你想做全国的，所以我反对你，你也没有搞清楚我为什么赞成，为什么又反对，这是爱护你，不要你把命断送在那里，失败还要挨人家骂，何苦来哉！

文化传承的忧心

我们认识快要两年了，我总希望你真做内在修养，做到了以后起而行之。孔孟儒家的道理叫自立而后立人，自己先站起来。我希望你做生意发财，跟某老板一样，规规矩矩做他的生意，发了财再讲。他发了财做不做没有关系，他做是最好，大菩萨。千万不要只是为了南老师一个人，我这么一个糟老头子，八九十岁了，我就常常告诉你们不要依赖，我是随时会走的。我真正着急的是继承这个传统文化精神的，没有人接手。不是说做一个机构，或者办一个庙港太湖大学堂，那都是花样耶！没有这个机构同样可以弘扬文化。

你们读书学儒家也好，佛家也好，一生真正有这个发心吗？有这个精神吗？没有啊，都是跟着来乱吹的，跟在我旁边转一转，听听热闹的，自己都没有动机。这是很严重的问题啊，就是说现在看到老师搞庙港，只是少数两三个人而已。所以我讲这二三十年来，从台湾一直到现在，修铁路也好，搞什么也好，只有两三个疯子，传洪啊、素美啊跟着我乱疯，他们也没有埋怨过我乱搞，爱怎么疯就怎么疯，他也不问理由的。既然你要办，就跟着你这样吧！他们也不是说一定大发心哦，也不要看得那么严重。我所以讲他疯子，是跟着我疯而已嘛！要真发心，比发神经病还难啊！也有人发心啊，说把事情做好，钱赚够了再来做这一件事情。空话！那个时候人已经死了。

我的一生从二十几岁出来，正是前途飞黄腾达的时候，走了这条路，几十年永远这样走，不管艰难困苦、贫穷富贵，都是这个发心。如果说等到我自己赚到钱再来做，我一辈子没有钱岂不是做不成吗？所以有个算命的算我的一生“富可敌国，手边没有一分钱；威望倾于一时，手上没有一颗印”。的确是这样，我几十年没有变动过。我的孩子们，你看我照应过他们没有？没有。出国的孩子都坐在这里，当年我跟他们讲：爸爸什么都没有，送你一张大学文凭，几百块的美金走吧！以后是你的事，你们也不要孝顺我，我也不孝顺你们了。到现在还是这样啊，这都是事实，只有发心。所以你们两位安徽的同乡，都是特别聪明的人，但是我希望你真正要静下来，把自己重新打磨一番，到以后再出来做事。

这些事务性的事顺便提一下，因为到明天你们也该动身了，我在这里还留一下，有些事务性的事检查一下。参与这里工作的很了不起啊！有些发心的人，像那位老板，他也很发心啊，到处发心，对我更特别。在台北有出家人要修行，他还一年花一百多万租一层楼给大家打坐修行。我就笑他，你的钱没有地方花啊，一个月十万多块钱租一个楼，小猫三两只在那里打坐修行。他甘愿，也了不起啊！他别的好事也做得很多，可是现在一年多了，我说你该收了。譬如现在这里有个禅堂，谁来真修行啊？谁来领导？除非有一个老头子，像我一样带大家玩，大家跟着来玩。谁来发心？这些事务性的事，顺便讲一下，也不是表扬哪一个，也不是骂哪一个，使大家知道知道罢了。

现在这里主楼正在装修，也是很痛苦困难的阶段，希望秋天就完成了。至于怎么开课，再来研究。现在事务性初步有一个规模，教务怎么办？总务怎么办？财政怎么办？都不知道。可是我一辈子素来做事不知道就是不知道，到那个时候再说。好了，把这一段话风一样吹过去了，听过就完了。

谈心得

现在七天讲课下来，小参，每个人当面报告，大家听，一个一个报告下来，我看你们那么多人也要四个钟头。你们每一次都听我的课，有很多同学听了很多年，你写过一篇真实的报告给我没有？没有。也有啊，有一位女士，她倒是随时写报告的。她跟我之前，是先从气功学起，她的报告没有断过，累积起有几十万字。她的身体是最不好的，生过好多病，现在还活着，精神还很好。

我不是表扬她，就是七天下来，她总算还了一点账，你们诸位没有给我还账，也许过几天有。你看看她的报告，现在大家放轻松，谁来念一下？

（念某女士的报告）

如果要照打七的话，每个人把每天修持经历，做口头的报告，有问题就在这个时候解答，不是讨论。讨论是普通开会，我有我的，你有你的，可以讨论，这里只有请教。所以说到师道，我想在座年轻的，你们虽然五六十岁我也叫你年轻人，大概都没有读过韩愈的《原道》、《师道》这些文章。什么叫老师？传道、授业、解惑三个要点，这是师道，把自己所有经验都传授给学生徒弟，希望学生超过自己，解开学生的疑惑困难。这篇文章在《古文观止》上，我们从小都要背的。韩愈的文章很特别，是传统儒家教育的路线。所以平常你们提报告，不是讨论，这是要解惑的。

刚才到这里，本来以为没有什么报告，结果有一篇，看到很高兴，提出来给大家听一听，总算还有一个人写。其实你们都有心得，都有一点东西，就是不肯写。就像那两位夫妻都是教育家，一定有很多东西可说，一问到他，就说没有没有。中国人就是这个毛病，有意见吗？没有没有，下去又有很多意见。

第二堂

朱元璋评孟子
鲁迅和牛
乱跑的牛
把牛套住
呼吸调柔
心息合一
心无挂碍
灵光独耀

朱元璋评孟子

刚才的空话先讲完，再来讲这两位老板的安徽朋友朱元璋。他穷困饿得讨饭去当和尚，当了和尚还没有饭吃，又出来讨饭，最后因当兵而当了皇帝。当了皇帝以后，他把孔庙里孟子的牌位拿掉，说孟子不是圣人，乱七八糟的乱讲话。可是有一天自己再读书，读到《孟子》中一段就拍案大叫，说孟子是圣人！又把他的牌位恢复起来。这一段话我们小的时候都会背的——“天将降大任于斯人也，必先苦其心志，劳其筋骨”，一辈子的经历，非常痛苦，体能的劳动，受尽了苦难。“饿其体肤，空乏其身”，没有饭吃，身体都掏空了，受苦受难也没有路走。所以某某说我骂他，一下子叫他做什么，一下子又反对他做，这就是孟子说的“行拂乱其所为”，一切的行为所做的都不对，越做越不对。叫你做这样，不对了骂你，要去“扶贫”，对啊对啊，你去做啊。然后你真去做了，我又说你乱搞，“行拂乱其所为”，把你搞乱了。

为什么上天要这样磨炼他？为什么？“所以动心忍性，增益其所不能”，这就是教育，这就是磨炼，使他遭遇种种的痛苦。人在起心动念之间，要坚定一个目标，样样不如意，样样做了又不对是教育你，大环境在教育你，增益帮助你把做不到的事做到。“人恒过，然后能改”，人是容易犯错误的，但是犯了错误，自己要晓得改。“困于心，衡于虑而后作”，做一件事心里烦闷，不知如何是好，要考虑周全才做。譬如说我做那条铁路，做完了我一无所取，做完了就做完了，现在心里没有牵挂。“征于色，发于声，而后喻”，对人对事，看人家的态度如何，情况如何，整个社会环境如何，然后再讲话。所以说一个国家、一个社会“入则无法家拂士”，是会有问题的。

朱元璋读到这里，拍案叫绝，说孟子是圣人！他说自己左右旁边没有“法家”。高明的人叫“方家”，懂得方法，不是搞司法。所以我们写字给人时写上“某某方家指正”。如果一个领导人，旁边没有“法家”，没有高明的人指导，也没有“拂士”，就是反对你的人，把你所肯定的推翻了，“出则无敌国外患者，国恒亡”，外面也没有敌人跟你抗争，无外患，这个国家就完了。因为社会太安定了，大家光晓得发财赚钱。“然后知生于忧患而死于安乐也”，人生、国家、社会大原则就是如此，然后你才知道成功是经过忧患、艰难痛苦的。如果处处得意顺利，那就完了，不论国家也好，社会也好，个人事业也好，都是一样。

现在大家也晓得用忧患意识，就是《孟子·告子》这一篇来的。你们回去翻“四书”，现在读还来得及，那是中国的圣经啊，像西方新旧约全书。

鲁迅和牛

现在给你们讲这一条牛了，这是禅宗渐修的心地法门，《牧牛图》是普明禅师的作品。什么是牛？鲁迅有两句诗很好："横眉冷对千夫指"，他当年在上海写文章，大家指着骂；他"俯首甘为孺子牛"，自己低头做一个牧童。我对鲁迅觉得马马虎虎，但这两句诗蛮有意思，可以看出来吧，他满肚子怨恨之气。横眉，气得眉毛都立起来，冷冷的，你们骂我就骂我，格老子我才不怕你们骂，阿 Q 的精神，宁可做一个小牧童。这是讲与牛有关的诗。算不定将来国内年轻一代，出来一位写好诗的人。鲁迅这两句是好诗。

乱跑的牛

《牧牛图》讲渐修的法门，我们的心念就是一条牛，乱跑。这个图在明朝禅宗很有名的，当年是木版的画，日本人更捧这个《牧牛图》。一条黑牛，发疯一样到处乱跑，这个牧牛的小孩子拿着绳子在后面追。这代表什么呢？代表我们这个心，思想情感就是这一条黑牛，到处乱跑。这个牧牛的小孩拿绳子在后面追不上，拴不住。我们打起坐来心念第一步就是这样。他写了四句诗：

一未牧

狰狞头角恣咆哮　奔走溪山路转遥

一片黑云横谷口　谁知步步犯佳苗

“狰狞头角恣咆哮”，牛的那两个角，威风得很，我们形容一个人很聪明，就是头角峥嵘。恣是放任自己，咆哮是发脾气乱跑乱叫，到处吹牛。“奔走溪山路转遥”，这一条牛在山上田地里乱跑，越跑越远，我们的情绪妄想就是这一条牛。“一片黑云横谷口”，天黑了，不知道跑哪里去了。第四句话是自己的反省，这个妄想情绪到处乱跑，“谁知步步犯佳苗”，自己把善良的根都扯断踏平了，挖了自己的根，好的种苗都不发了。这是《牧牛图》的第一步，就是我们打起坐来，平常情绪思想乱跑，想了很多的花样，要做这个，要做那个，或者要做生意发财，要做官，都是妄想在乱跑。这个题目叫“未牧”，拴不住自己的妄想心念。

把牛套住

二初调

我有芒绳蓦鼻穿　一回奔竞痛加鞭

从来劣性难调制　犹得山童尽力牵

第二步我们只好学打坐，自己观心了。十六特胜讲“知”，知道了，犯了错误，要把这个心拉回来。“初调”，总算找到了思想念头，把这个乱跑的思想拴住了。“我有芒绳蓦鼻穿”，拿个绳子把这个牛的鼻套进去。现在我们用佛法的修出入息，用这个气；呼吸这个气是条绳子，把心性这个牛套进去。“一回奔竞痛加鞭”，这个牛再发脾气乱跑，就抽它一顿鞭子。所以你打起坐来修安那般那就是一条绳子，把这个心念拉回来。“从来劣性难调制”，乱跑了，就重新来过。像修呼吸法，安那般那，一下又忘了，又是别的思想来，心息没有配合所以又跑了，这是自己的习性，爱向外跑。“犹得山童尽力牵”，要靠这个牧童拉回来，牧牛童子是我们人自己的意志，用意志把思想念头拉回来了。这是第二个图案，你看画的这一条绳子，穿到牛鼻子上去了，这个牛要走，这个小孩拼命拉。

三受制

渐调渐伏息奔驰　渡水穿云步步随

手把芒绳无少缓　牧童终日自忘疲

第三步叫“受制”，“渐调渐伏息奔驰”，这个牛给绳子穿惯了，渐渐乖了，小孩子轻轻一拉就带走了。

这里我讲一个故事给你们听，抗战的时候我有两个师长朋友，一个带兵笨笨的，胖胖的，他的部队很散漫，不大训练的，可是打起仗来他的兵都会拼命。另有一个带兵非常精明，没有哪一点不知道。有一天我去看他，正好看他的部队经过，有一匹马在跑，他就骂那个管马的马夫，笨蛋！把那匹马拴住。马夫跑过去拼命地拉，反而被马拉着跑。这个师长跑过去，两个耳光一打，把绳子接过来，一转一转，转到马的旁边，轻轻一带就拉过来了；然后把绳子交给马夫，又打他两个耳光，笨蛋！马都不会带。

牛也好，马也好，发了脾气，你把那条绳子转一转，转到鼻子边上，轻轻一拉，它就走了。你看佛教我们修安那般那，你心念乱跑，心性宁静不下来，所以佛教你眼观鼻，鼻观心，只要把呼吸管住，慢慢那个心念就调伏了。所以我讲这个故事是亲自看到的，看到“渐调渐伏息奔驰”，这个牛不敢乱跑了，鼻子拉住了。“渡水穿云步步随”，这个牛跟着小牧童，一个七八岁的孩子，跟着他一步步走，乖乖的不敢动，因为绳子在牧童手里，气已经被控制了。“手把芒绳无少缓，牧童终日自忘疲”，牧童手里拿着芒绳，一步都不敢放松。所以你用功做呼吸法调息，自己不感觉疲劳。你看这个图案，黑牛的头变白了，呼吸已经慢慢调柔了，自己看住它。你的牧童是什么？就是意识；你的绳子是什么？就是气，出入气，安那般那。

呼吸调柔

你的意识心念专一把心息合一调柔，这是第三步了。你看他画的图案，这个牧童很轻松了，拿着鞭子，随便拿个树枝。牛呢？头开始变白了。白代表善良，黑代表恶业。所以佛经上说做好事叫做造白业，做坏事叫做造黑业。受制了，你的工夫心息能够合在一起了。

四回首

日久功深始转头　颠狂心力渐调柔

山童未肯全相许　犹把芒绳且系留

第四步“回首”，这个牛回头了，就是心念给呼吸，给绳拴住了。“日久功深始转头”，这个牛不乱跑，心归一了。“颠狂心力渐调柔”，平常那个乱跑的心性软下来了，跟着呼吸的来去，就是数息以后随息了。“山童未肯全相许，犹把芒绳且系留”，可是我们的意念不要放松，心息固然可以合一了，心念专一还不能放手。这个图案画得很有意思，牛的头颈这里都变白了，个性柔和得多了。本来这个放牛的孩子站在牛旁边的，第六意识不用心了，不过拉牛的绳子还要拉住。

心息合一

五驯伏

绿杨荫下古溪边　放去收来得自然

日暮碧云芳草地　牧童归去不须牵

再进一步“驯伏”，“绿杨荫下古溪边”，这个放牛的孩子不拉绳子了，意念不再那么用力，自己的心性思想也不再乱跑，随时跟出入息合一了。这就是六妙门的随息快到止息的阶段。“放去收来得自然”，舒服啊，这个牛乖了，思想不乱跑，随时在做工夫的境界里。“日暮碧云芳草地”，这个境界自然舒泰，“牧童归去不须牵”，牧牛的孩子手拿牛绳，自己回家了，牛也不拉了。我们乡下小的时候看过，那个乖的牛，到晚上自己会回来的。画的牛已经三分之二都变白了，善良了。

六无碍

露地安眠意自如　不劳鞭策永无拘

山童稳坐青松下　一曲升平乐有余

第六步“无碍”，这个牛差不多全白了，都是善良，心性调伏了，只剩尾巴那里一点还黑的。牧牛孩子在哪里呢？吹笛子去了，自己去玩了，牛归牛，小孩子归自己了。这个图案叫“无碍”，工夫差不多打成一片了。“露地安眠意自如”，露地就是旷野空地，白天夜里工夫自然上路了，永远在清净定的境界里头。意识不用心，自然都是专一清净，就是我们第一次讲的，已经是四瑜珈到“离戏”阶段了。“不劳鞭策永无拘”，这个牛都不要管了，心性妄念自然不生，清净了，也不要鞭子打了，也不要注意了。这个第六意识自然清净，妄念清净了。“山童稳坐青松下，一曲升平乐有余”，身心非常安详。这个牧童什么都不要管，这个第六意识、意根已经清净，稳坐青松下面，无事吹笛子玩。宋人的诗“短笛无腔信口吹”，随便了。这个牛呢？到家了没有？还早呢！

心无挂碍

七任运

柳岸春波夕照中　淡烟芳草绿茸茸

饥餐渴饮随时过　石上山童睡正浓

到了第七步“任运”，这个牛后面尾巴也没有黑的了，剩下都是善业，念念清净。“柳岸春波夕照中”，诗中的图画多可爱啊，江南的春天，水绿山青，堤岸杨柳，太阳照下来的那个境界。“淡烟芳草绿茸茸”，烟雨蒙蒙，淡淡的烟雾，满地都是芳草，绿杨一片青幽。这个时候有没有妄念呢？有妄念。但是处理任何事情，自己念念空，没有烦恼，很自在，观自在菩萨了。“饥餐渴饮随时过”，饿了就吃，口干了就喝，随缘度日，一切无碍。《心经》上说：“心无挂碍，无挂碍故，无有恐怖，远离颠倒梦想。”第六意识呢？这个牧童呢？“石上山童睡正浓”，睡了，太舒服的境界，第六意识不起分别了。你看画的那个小孩子，躺在那里睡觉，牛也没有离开，自然在吃草。工夫到这一步叫做任运自在。哪怕你做董事长，做老板，或者给人家打工，开会、做工的时候，心境都是一样的。就是十六特胜的“喜受，乐受，心作喜，心作摄，心作解脱”那么自在。

八相忘

白牛常在白云中　人自无心牛亦同

月透白云云影白　白云明月任西东

这是第八步工夫“相忘”，这个牛不是普通的牛了，已经升天，相忘了，也没有呼吸往来，也没有妄念，也没有身体，也没有空，也没有知觉，也没有感觉，一片清净，一片善的境界。“白牛常在白云中”，一片光明。“人自无心牛亦同”，一切烦恼都没有，一切妄念没有了，身心在这个境界。“月透白云云影白”，月亮透过白云光明出来，白云、月亮，一片光明，“白云明月任西东”。这第八步工夫是得大自在，观自在菩萨照见五蕴皆空，心无挂碍。

灵光独耀

九独照

牛儿无处牧童闲　一片孤云碧嶂间

拍手高歌明月下　归来犹有一重关

第九步“独照”，牛没有了，妄念杂想没有了。牧童，第六意识睡觉也走了，什么都没有。“牛儿无处牧童闲”，牛找不到了，牧童闲，就是意识清明。百丈禅师讲的“灵光独耀，迥脱根尘”。牧童悠闲自在，牧童就是我们自己。“一片孤云碧嶂间”，青天上面还有一点点白云；碧嶂，这个境界清明，牧童自己明白了，工夫到了。“拍手高歌明月下”，一切空了。密宗讲见到空性，空了什么都没有，你以为对了吗？还早呢。“归来犹有一重关”，古人说“莫道无心便是道，无心犹隔一重关”，因为你观空了却不能起用，一起心动念就觉得乱，那是工夫没有到家。所以我骂某人，要他工夫做到了再出来做事，那个时候就不会乱了。所以这步叫“独照”，能够出世，不能入世，还不行，不是大菩萨的境界。

十双泯

人牛不见杳无踪　明月光含万象空
若问其中端的意　野花芳草自丛丛

到了第十步“双泯”，能够入世，也能够出世，提得起也放得下，能够空也能够有。这个时候可以入世做事了，在家出家都可以，做男做女也可以。“双泯”，空有都没有了，人也不见，牛也不见。“人牛不见杳无踪”，照见五蕴皆空了。“明月光含万象空”，只有自性一片光明，有也可以，无也可以；入世也可以，出世也可以；烦恼也可以，不烦恼也可以。工夫到这一步境界，可以说修行有了成就，差不多可以开悟了。“若问其中端的意”，究竟怎么是对呢？很自然，“野花芳草自丛丛”，到处都是，不一定出家才能做到，也不一定在家才能够修道。得大自在，就是观自在菩萨。

《牧牛图》讲完了，我们这里这一条牛也摆在前面，怎么管它？有十步工夫，心地法门配合十六特胜，现在你都知道了。

第三堂

今天是第七天，我们听报告，等一下我指定几个人报告看看。现在有一篇报告，难得！大家听一下。古书有一句话“他山之石可以攻错”，别人讲的对与不对做个参考，做个反省。

一篇报告

（念报告）

这个报告，难得。因为这一次不严格的规定，明天大家所谓“云水漂萍”，有事的赶快跑，世间大事又来了。这就是以前禅师们骂人“口口谈空”，嘴里讲道理都是一流的。“步步行有”，事情很多，然后说自己是在修行。人生嘛，本来就是这样，很难。所以儒家的道理，走入世的路线，做修行的事业。我也常讲，一个大丈夫，大英雄，是“以出世的心境，做入世的事业”。那就是圣贤英雄的境界，太难了。理论讲起来都很容易，但做不到。所以有些同学朋友，为什么被责备呢？我是急性子，讲空话没有用。我一辈子的心情都是恨铁不成钢，所以，我还讲到古人两句话，“良冶之门多钝铁，良医之门多病人”。什么叫良冶？炼钢的工程师、大师傅，他们旁边都是烂铁，没有真的钢铁；好的医生旁边都是病人，“良医之门多病人”，好可怜。

第二位报告

不过也不错，有一个道场可以修行，这一个道场的老头子年纪太大了，你们要多努力啊！我现在想听听这位不算太老的老同学之一的报告。他是我的老学生，跟随我的资格算老，他当年美国留学回来，在国民党蒋经国办的青年救国团一个单位做主任。我从来不去哪里演讲，有一次他要我去演讲，我才捧捧他的场去演讲。这一讲几十年了，现在他也是半个老头了，文章也写得好，就是像那位同学一样，懒洋洋的，他俩同一个党的，都是“懒党”。他做过教授，也替我编过书。这一次还是刘老师慈悲让他来，我说他不会搞这个的。结果他到美国去，临时还赶回来。所以听听你这一回“临老投医”，然后你怎么做法，你可以跟他们谈谈，希望你们这些老同学怎么去做，简单明了，听你这几天的报告。（口头报告）

他讲到这里是学术性的报告，不过也可以。当年他在青年救国团幼狮文化公司工作时，蒋经国拨了一批经费给他们把西方文化史统统翻译出来，那个时候美国人认为台湾是海盗，专门盗版的。这整套的《世界文明史》，集中百余人翻译。后来他又担任正中书局的海外部经理。正中书局等于大陆的新华书店。后来我从美国回来到香港，北京方面跟我接触的时候，我说你们要了解西方。我就打电话到台湾问他，你们那个书还有多少？他说差不多没有了，剩下四五套。我说你统统给我拿过来。自己保留一套，其余送了高层人士。我倒希望大陆把这个书出版，大家应该看看。在台湾文化方面他还有一点功劳，这个叫做什么书名我忘记了。（答：《世界文明史》。）

现在国内讲东西文化沟通，我们是差远了，这些青年人做了工作的，都很有功劳，现在只晓得讲管理学了，文化方面不管了。当年在台湾譬如说西方哲学史整套是原文，好像台湾大陆整个也翻译了，可是大家都没有好好做系统研究，这是遗憾的事。前两天看到交通大学一个研究天文学的，写佛经里的天文，很了不起，所以中国青年学者也有人才。他研究天文的，把佛经里有关天文的都集中了，书名叫《西望梵天》。

（接着共有十五人陆续做口头报告）

结语

听了大家的报告，有一位同学在香港做两件大功德，一个是在香港监狱每星期给犯人上课，坚持好几年，尤其给青年犯人上课，这个工作没有人要做，他却坚持那么多年。

第二个，香港的文化很怪的，崇洋文化，现在还受英国殖民地统治的影响，基本上不接受中国文化。他在推广儿童读经，尤其去年，想把儿童读经打进香港的小学，非常的困难。他同一个香港的小学合作，香港小学不是大陆哦，非常洋气的。他最近有一个报告给我，他要到一个小学推广儿童读经，最后是他的面子关系，还答应要给学校一年一万块美金，这个学校勉勉强强找几个学生来让他试试玩玩吧。这个学校开始找学生来，现在变成风气了。校长告诉他，我不要你这个钱了。这个话听起来是个笑话，要打进去谈何容易啊。所以文化的传播同弘扬佛法都是很困难。我做了几十年，你们想象都想象不到的，坚持这一条路我走了一辈子。你们看到我很轻松，大家都很恭维，我是无比的痛苦，很可怜的，给你们讲不清楚。那么这两件事，一个监狱里的教化，他坚持了；在香港推广儿童读经，他推广开来了。我补充这两点大家所不知道的，他在做了，即知即行，都是了不起的事，因为你们不是香港这个社会长大的，不知道港澳地区特别的不同。

另外我好几次告诉大家，不只你们，包括那位法师，好好带领大家念佛，禅净双修，对不对？你们没有听我的。我也告诉你们准提法是最基本的，也是最深的。我还告诉那位法师，你们到处弘扬准提法，我还没有真正给你们讲过准提法仪轨怎么来源，多么深奥。以准提法做一个学佛的入门，想成佛只有两条路，福德圆满，智慧圆满，普通叫做福慧双修。学佛先修功德，等于要盖个房子，先要找一块地，先把这个地平好。就像我们庙港原来是个荒地，叫谢老总来一块一块泥巴把水填起来，修地基，搞土建。他在这里这样做，比方这是修福德，必须靠准提法来打基础。但是念准提咒要发愿求智慧，加持，是福慧双修的基础，早晚功课坚持下来，起码要一百万遍的基础，这是要紧的。同时也讲过准提法跟净土法门，禅净双修是一体的，以这个去求福德智慧的基础。正修之路不是修禅就是禅净双修。我平常都讲过，讲完了以后你们都不听，没有照做就是不听，我也不理，因为我心到了。

所以现在我还是原来的话，你们听懂了最好，尤其是出家众老老实实地禅净双修，不只念佛哦，准提法一样，念到后面南无阿弥陀佛，一念沉下去就定住不动了，这叫禅定。由念佛到达修禅，到安般法门，一直到空，见性成佛，一路啊。我也常常讲，你们修准提法光晓得念咒子，那是加行，那是修福德的基础。准提法两个次第，是生起次第、圆满次第。准提法最后要进入圆满次第，圆满次第不是禅净双修一样的吗？可是你们从来没有听话，圆满次第不管，只晓得我一天念多少遍啊、多少遍啊。不错，是在修行，没有不对啊，也只好对你们笑。我话交代了，你们圆满次第就不注意了，圆满次第就是禅净双修到最后，佛也没有，咒也没有，一切皆空，空而不空。所以当然要走禅净双修，我已经讲过多少次了。

早就告诉你们了，不只你，还有那位法师啊，这些人没有一个听话的。叫老师，没有听老师的话，四个字，没有“依教奉行”。我再补充依教奉行。譬如当年妙湛老和尚，南普陀的方丈，威望多高啊。后来来找我修个禅堂，沙弥发动的，传洪、素美他们做的，几十万美金给南普陀盖了一个禅堂。大家都说我盖的，其实是他们做的功德，我不过是捞个好听的名字而已，我也没有钱。妙湛老和尚把禅堂盖好了，叫我去南普陀打七，因为新盖的我第一次回大陆就是到那里。原来只有两百人参加，后来变成七百多人，因为是我回到大陆讲这个。把我吓坏了，吓什么？我怕那个禅堂几百人在上面，双层的，也没有盖好，万一压下来，下一层的几百人就变肉饼了。我的心里负担多重啊！

妙湛老和尚第二次来看我，好像八十岁了吧，我说老和尚你又来干什么？老师啊，我请求你再到南普陀主持一次禅七。我说老和尚请坐，不谈这些，你现在赶快回去，把方丈也辞掉，什么都辞掉，你什么都不管，好好修持念佛去。他听了什么都不讲，“依教奉行”，马上站起来回去，回去就生病了。赵朴初用飞机把他接到北京治病，已经慢慢就进入那个状况，我随时给他通电话。在病床上，他不能讲话了，我说老和尚，叫他们送你回南普陀去，落叶归根。有两个小徒弟在旁边讲给他听。他马上回到南普陀，“依教奉行”，他真做到了。

所以我平常跟你们讲，你们听了没有依教奉行，因此我最后也疲了，都不追问你们了，不管了。所以讲依教奉行只有这个老和尚，临死前他已经不能讲话了，我叫他的徒弟把电话拿到他耳朵旁边，我问他听到吗？他老和尚手动一下表示知道。我说老和尚不要散乱，他念南无观世音菩萨，我说好好念，跟着走吧。徒弟拿着电话，老和尚指头一动表示听懂了，他没有忘记，依教奉行。

东方出版社南怀瑾作品

论语别裁(上下)
原本大学微言
话说中庸
孟子旁通
孟子与公孙丑
孟子与万章
孟子与离娄
孟子与尽心篇
孟子与滕文公、告子

维摩诘的花雨满天(上下)
禅与生命的认知初讲
《瑜伽师地论·声闻地》讲录
南怀瑾与彼得·圣吉——关于禅、生命和认知的对话
金刚经说什么
禅宗与道家
药师经的济世观
答问青壮年参禅者
圆觉经略说
定慧初修
楞严大义今释
如何修证佛法
楞伽大义今释
学佛者的基本信念
禅话
中国佛教发展史略述
禅海蠡测

老子他说(初续合集)
庄子諵譁(上下)

列子臆说(上中下)

我说参同契(上中下)

易经系传别讲

易经杂说

静坐修道与长生不老

道家、密宗与东方神秘学

中国道教发展史略述

小言黄帝内经与生命科学

漫谈中国文化——金融 企业 国学

廿一世纪初的前言后语

南怀瑾讲演录 2004—2006

亦新亦旧的一代

人生的起点和终站

历史的经验

中国文化泛言

Basic Buddhism: *Exploring Buddhism and Zen*(《中国佛教发展史略述》英文版)

Tao and Longevity(《静坐修道与长生不老》英文版)

图书在版编目(CIP)数据

禅与生命的认知初讲/南怀瑾讲述.—北京:东方出版社,2013.5

ISBN 978-7-5060-6480-4

Ⅰ.①禅…　Ⅱ.①南…　Ⅲ.①禅宗-生命科学-研究　Ⅳ.①B946.5　②Q1-0

中国版本图书馆 CIP 数据核字(2013)第 143864 号

禅与生命的认知初讲

南怀瑾　讲述

责任编辑：刘俊堂　孙　涵

出　　版：东方出版社

发　　行：人民东方出版传媒有限公司

地　　址：北京市东城区朝阳门内大街 166 号

邮　　编：100706

印　　刷：环球印刷(北京)有限公司

版　　次：2013 年 9 月第 1 版

印　　次：2015 年 3 月北京第 4 次印刷

开　　本：640 毫米×960 毫米　1/16

印　　张：23

字　　数：260 千字

书　　号：ISBN 978-7-5060-6480-4

定　　价：48.00 元

发行电话：(010)64258117　64258115　64258112